KB049125

알고 보니 다 화학이었어

DIE CHEMIE STIMMT!:
Eine Reise durch die Welt der Moleküle
by Nuno Maulide, Tanja Traxler
Originally Published by Residenz Verlag GmbH, Salzburg-Wien.

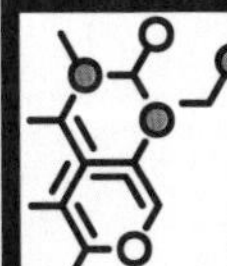

주기율표는 몰라도 화학자처럼 세상을 볼 수 있는 화학책

알고 보니 다 화학이었어

누노 마울리데 · 탄야 트락슬러 지음 | 이덕임 옮김

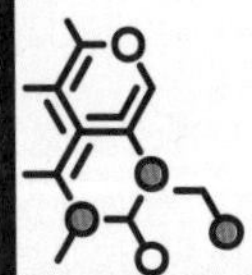

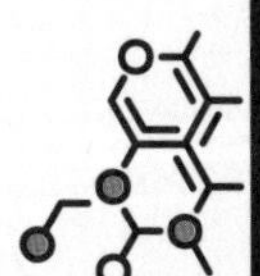

북라이프

옮긴이 | **이덕임**
동아대학교에서 철학을 전공하고, 인도 푸네대학교 인도철학대학원을 졸업했다. 현재 바른번역 소속 번역가로 일하고 있다. 옮긴 책으로《비만의 역설》,《구글의 미래》,《세상을 구한 의학의 전설들》,《안 아프게 백년을 사는 생체리듬의 비밀》등이 있다.

알고 보니 다 화학이었어

1판 1쇄 발행 2024년 6월 25일
1판 3쇄 발행 2024년 10월 17일

지은이 | 누노 마울리데 · 탄야 트락슬러
옮긴이 | 이덕임
발행인 | 홍영태
발행처 | 북라이프
등 록 | 제313-2011-96호(2011년 3월 24일)
주 소 | 03991 서울시 마포구 월드컵북로6길 3 이노베이스빌딩 7층
전 화 | (02)338-9449
팩 스 | (02)338-6543
대표메일 | bb@businessbooks.co.kr
홈페이지 | http://www.businessbooks.co.kr
블로그 | http://blog.naver.com/booklife1
페이스북 | thebooklife
ISBN 979-11-91013-65-8 03430

* 잘못된 책은 구입하신 서점에서 바꾸어 드립니다.
* 책값은 뒤표지에 있습니다.
* 북라이프는 (주)비즈니스북스의 임프린트입니다.
* 비즈니스북스에 대한 더 많은 정보가 필요하신 분은 홈페이지를 방문해 주시기 바랍니다.

에르멜린다 하비에르 다니엘 디아스 마울리데와

빌헬름 트락슬러에게 이 책을 바칩니다.

프롤로그

화학에 대한 사람들의 시선은 그리 좋은 편이 아니다. 화학공장의 환경오염 사고, 대기 중의 온실가스, 식품 속 발암물질 등이 화학의 이미지를 지속적으로 훼손하는 탓이다. 이 같은 편견이 안타까운 이유는 화학이 우리의 삶에 미치는 긍정적인 역할을 가리기 때문이다. 화학은 인공 비료를 개발하고 의약품, 합성수지, 위생용품을 생산하는 데 쓰임으로써 나날이 전 세계인의 생활을 뒷받침하고 있다.

게다가 화학은 크고 작은 사회적 문제를 해결할 때 중요한 역할을 담당한다. 이 책을 통해 여러분이 화학자의 눈으로 세상을 보도록 인도하고자 한다. 우리 삶을 둘러싸고 있는 것들을 더 새롭게, 더 매력적으로 바라볼 수 있게 되길 바란다.

화학의 이미지가 개선되면 화학자들뿐만 아니라 사회 전체가 이익을 보게 된다. 화학에 대해 무지하거나 불완전한 지식만을 갖추었을 경우에는 개인 또는 사회 전체가 때때로 해로운 결정을 내릴 수 있다. 본문에서 이러한 문제를 더 자세히 이야기할 예정이다.

이 책을 쓴 우리는 오스트리아 빈대학교의 화학부 교수인 누노 마울리데Nuno Maulide, 물리학 전공자이자 일간지 〈데어 슈탄다르트〉Der Standard의 과학 담당 기자인 탄야 트락슬러Tanja Traxler이다. 우리는 누노가 빈대학교의 교수가 된 직후인 2014년에 만났다. 우리는 대중이 자연 과학을 더 친근하게 여겨 주기를 바라며, 자연 과학 중에서도 특히 화학에 관심이 많다.

추상적인 과학의 세계는 개인사와 연결되면 더 구체적으로 다가온다. 나, 누노 마울리데는 1979년에 리스본에서 태어났다. 젊은 시절에는 음악에 열중했고 리스본대학교에서 피아노를 전공했다. 그 과정에서 피아노 연주자의 삶이 얼마나 고달픈지, 전업 음악가의 일상이 얼마나 외로운지를 절감했다. 나는 사교적인 성격인데도 몇 시간씩 피아노 연습을 하다 보면 사람들과 만나는 기회를 놓치기 일쑤였다. 결국 다른 길을 가기로 결심했다. 장기적인 계획에 따랐다기보다는 방황하다 보니 화학을 선택하게 된 것이다.

2학기 동안 유기화학 강의를 들으며 화학이라는 과목에 열정을 쏟았다. 유기화학은 탄소를 기반으로 만들어진 화합물을 다루는 만큼 생명의 기본적인 구성요소에 초점을 맞춘다. 교수님이 화학구조식을 칠판에 그릴 때마다 나는 생각했다. '너무 아름다워! 평생 봐도 질리지 않을 것 같아!' 자연이 얼마나 다양한 화합물을 만들어 내는지, 그 화합물이 얼마나 다양한 방식으로 쓰이는지를 생각하면 지금도 여전히 즐겁다.

나는 화합물의 구조와 기능에 중독되다시피 몰입했다. 유기화합물의 세계에 흠뻑 빠진 채로 저녁 시간을 보내곤 했던 학생 시절부터 내가 아는 것을 다른 사람과 나누고 싶어 했다. 내 설명을 듣고 복잡한 연결 구조를 이해하게 된 사람들을 보는 일이 다른 어떤 일보다도 만족스러웠다. 강연을 하거나 TV 출연을 하고 나서 '덕분에 화학을 더 잘 이해할 수 있게 됐다'는 편지를 받을 때면 얼마나 기쁜지 모른다.

이것이 바로 책을 쓰게 된 동기다. 이 책은 화학에 대해 아는 바가 적고, 화학과 우리의 일상이 어떻게 연결되어 있는지 잘 모르는 독자들을 위해 썼다. 화학이라는 단어를 듣자마자 코를 찡그리는 사람들이 줄어드는 데 적게나마 기여할 수 있었으면 한다. 화학에 대한 인식이 긍정적으로 변할수록 우리의 삶이 훨씬 나아질 것이라고 굳게 믿기 때문이다.

실험실에서 만들어진 물질이 자연물질보다 더 가치 있다며 과학에 대한 맹신을 주장하려는 것이 아니다. 화학에 대한 기본적인 이해도를 높이고 싶을 따름이다. 이는 화학이 바람직하게 쓰이는 분야와 그렇지 않은 분야를 구분하는 데 도움이 된다. 한 가지 예로 스프레이 캔에 쓰였다가 이제는 금지된 프레온 가스라고도 불리는 염화불화탄소chlorofluorocarbons, CFCs를 들 수 있다. 이에 대해서는 뒤에서 좀 더 자세히 살펴보기로 하자.

화학을 더 많이 활용하는 것이 늘 최선의 해결책이라고 볼 수는 없다. 하지만 우리의 건강과 지구의 보존을 위해서는 화학을 더 적극적으로 활용해야 하는 경우가 많다. 우리는 이 책에서 일상생활에 도움이 되는 실용적인 조언을 건네고, 기후 위기를 해결하기 위한 몇 가지 미래 지향적인 화학적 접근법에 대해 논의할 것이다. 기후 변화와 관련해서 화학은 우리가 지속 가능한 삶을 영위할 수 있는 결정적인 기회를 제공하기 때문이다.

과학 연구와 더불어 음악 또한 여전히 내 일상의 동반자이고, 나는 거의 매일 피아노를 친다. 예술에서나 과학에서나 늘 아름다움을 찾으려 애쓰고 있다. 여러분이 이 책을 읽으면서 화학이 유용할 뿐만 아니라 매혹적이기도 하다는 사실을 스스로 발견할 수 있기를 바란다.

이 여행은 우리의 몸속에 있는 분자의 세계에서 시작된다. 우리가 섭취하는 것, 우리의 몸을 구성하는 것, 건강을 증진하는 방법에 대해 알아볼 것이다. 다음으로는 식품에 보편적으로 쓰이는 포장용 재료의 생산과 관련한 여러 가지 이야기를 다루고자 한다. 마지막으로는 특히 시급한 기후 변화가 무엇인지, 세계적으로 일어나는 변화에 적절히 대응하려면 어떻게 해야 할지 살펴볼 예정이다.

누노 마울리데·탄야 트락슬러

일러두기

- 본문의 인명, 지명, 기업명 등은 국립국어원 외래어표기법을 따랐으며 외래어표기법에 규정되어 있지 않은 경우 국내에서 통용되는 명칭으로 표기했습니다.
- 화학용어는 표준국어대사전을 따랐으며 기타 학계와 교과서에서 통용되는 표기를 참고하였습니다.

이 책의 분자 구조식에 쓰인 기호 안내

탄소 원자

수소 원자

산소 원자

질소 원자

황 원자

인 원자

단일결합

이중결합

삼중결합

고립 전자쌍 (비금속끼리 공유결합을 했을 때, 두 원소가 전자를 공유하지 않는 쌍 — 옮긴이)

분자 구조식에서의 의미 : 앞으로

분자 구조식에서의 의미 : 뒤로

차례

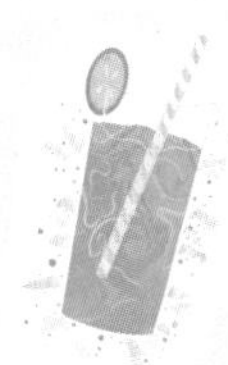

제3장 의약과 화학

인간의 고통을 줄이기 위한 여정

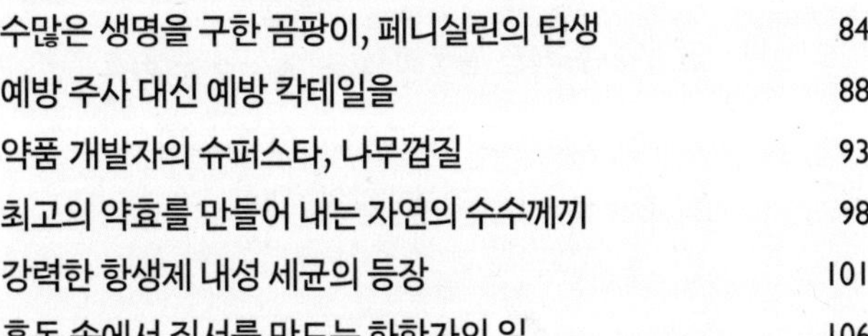

제4장 비료와 화학

세상을 먹여 살리는 히어로

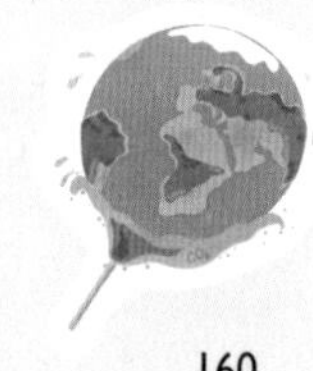

기후 정의를
실천할 때!

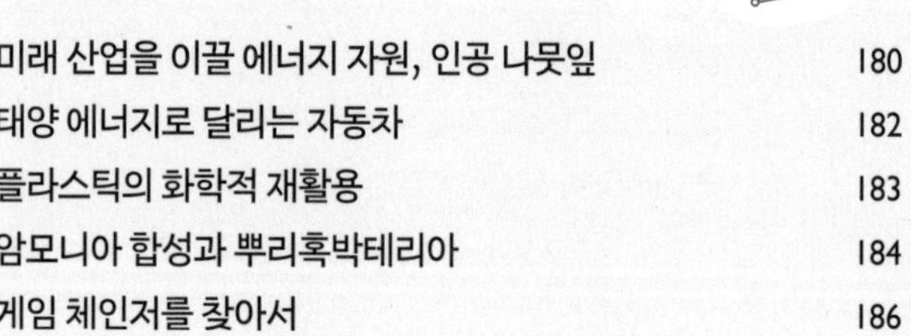

제8장 **화학의 아름다움**

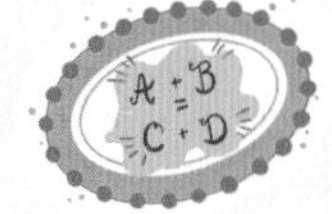

세계를 명쾌하게 요약하는 선율

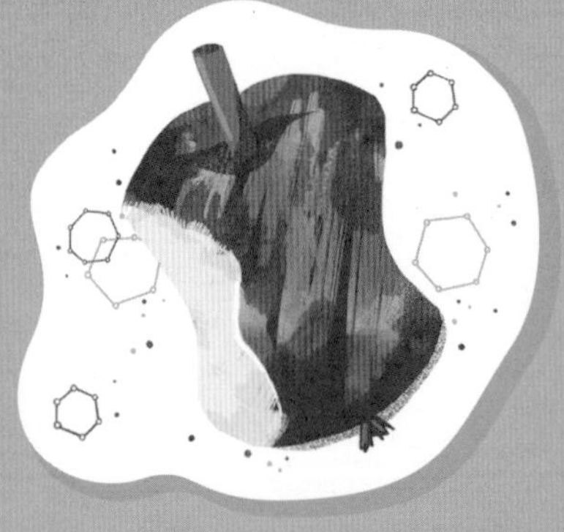

제1장

음식과 화학

식탁 위에 펼쳐진 화학물질의 향연

여러분은 오늘 아침에 무엇을 먹었는가? 요즘 나는 급할 때면(실은 종종 그렇다) 아주 간단한 식사로 하루를 시작한다. 그 음식은 주로 물과 당분, 약간의 단백질과 지방, 다양한 에스터ester와 알데하이드aldehyde 그리고 알코올로 구성되어 있다. 이에 더하여 약간의 리보플래빈riboflavin, 아스코르브산ascorbic acid, 칼슘, 마그네슘, 인과 염소도 들어 있다. 달리 표현하면 사과를 먹는다는 말이다.

출근 시간 대학교로 가는 길에 나는 일터로 허겁지겁 향하는 많은 이들을 만난다. 사람들은 일과를 시작하기 전에 수천 가지의 다양한 재료로 이루어진 뜨거운 액체를 마신다. 이 화학적 칵테일에서 가장 중요한 성분은 잔틴xanthine 계열의 알칼로이드, 즉 카페인이다. 지하철에서 내 맞은편에 앉은 승객이 커피를 홀짝이는 동안 나는 우리가 살면서 느끼는 가장 단순한 욕구와 습관처럼 반복하는 행동에 화학이 얼마나 근본적인 영향을 미치는지 생각해 본다. 인간이 물리적으로 존재할 수 있는 것은 화학적 과정 덕분인데 그 과정은 무척 복잡

하고도 기발하다. 과학계에 몸담은 지 오래되었음에도 끊임없이 감명받을 정도다.

우리의 몸과 우리가 사는 행성을 구성하는 화학물질과 화합물은 믿을 수 없을 정도로 다양하다. 이토록 많은 물질 가운데 건강과 환경에 좋은 것은 무엇이고 나쁜 것은 무엇인지 어떻게 가려낼 수 있을까? 이 물음은 특히 음식과 관련이 깊다. 식품 속의 해로운 물질에 대한 두려움은 아마도 인류의 역사만큼이나 오래되었을 것이다. 진화 과정에서 비롯된 불안은 우리의 생존에 도움을 주었지만 오늘날까지 숱한 오해와 미신을 조장하기도 한다.

음식물에 들어 있는 화학성분은 인위적인 것이어서 몸에 해로울 수밖에 없다는 생각이 놀라울 정도로 널리 퍼져 있지만, 화학자들의 견해는 정반대다. 음식물도 우리 주변의 다른 모든 존재처럼 화학물질로 이루어져 있는 만큼 식품 속 화학성분을 악마화하는 것은 터무니없는 일이다. 앞서 내가 아침에 먹는다고 언급한 사과는 껍질부터 씨앗까지 전부 화학성분으로 이루어져 있다. 만약 실험실에서 사과의 모든 성분을 인위적으로 만들어 실제 사과에 들어 있는 양만큼 섭취한다면, 몸에는 사과를 먹었을 때와 똑같은 작용이 일어날 것이다. 다시 말해 우리가 먹는 모든 음식은 화학물질 그 자체다.

물론 모든 화합물이 건강에 도움이 되는 건 아니다. 유럽연합EU은 식품에 첨가될 경우 위험할 가능성이 있는 약 8,000개 물질의 목록을 정리해 놓았다. 이 목록에는 농약, 색소, 향미증진제, 동물용 의약품, 플라스틱이 포함된다.

음식 성분에 대한 문제의 핵심을 가장 잘 짚은 사람은 파라셀수스Paracelsus라는 이름으로 잘 알려진 16세기 스위스 의사 테오파라투스 봄바스투스 폰 호엔하임Theophrastus Bombastus von Hohenheim이다. 그는 "모든 물질은 독이며 독이 없는 물질은 존재하지 않는다. 독성의 유무는 용량에 달려 있다."라고 말했다.

파라셀수스의 인상적인 통찰을 인간이 생존하는 데 반드시 필요

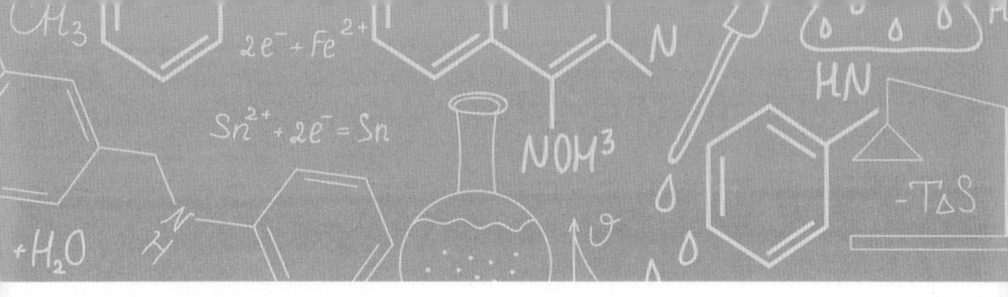

한 물질인 물에 적용해 보자. 우리 몸의 3분의 2는 물로 이루어져 있고 신체를 유지하려면 매일 물을 마셔야 한다. 하지만 단시간에 마실 수 있는 물의 양은 그리 많지 않다. 한 번에 5리터 이상의 물을 마시면 장기, 특히 신장이 손상되고 극단적으로는 사망에 이르기도 한다. 소금 또한 생명 유지에 반드시 필요한 무기질이지만 소금을 열 숟가락 먹으면 치명적인 위험에 빠질 수 있다. 소금을 한꺼번에 많이 먹으면 구역질이 일어나기 때문에 소금에 중독될 가능성은 아주 낮으니 다행스러운 일이다.

결국 음식물 속의 모든 성분은 화학물질이며, 그 물질이 독이 될지 그렇지 않을지는 얼마나 섭취하느냐에 따라 달라진다. 이처럼 식품의 화학적 구성을 이해하면 식품을 이루는 성분의 품질과 안정성을 과학적으로 판단할 수 있게 된다. 바람직하지 않은 성분을 확인해 섭취를 피할 수 있는 것이다.

서점의 베스트셀러 서가를 보면 검증된 방법으로 건강한 식단을

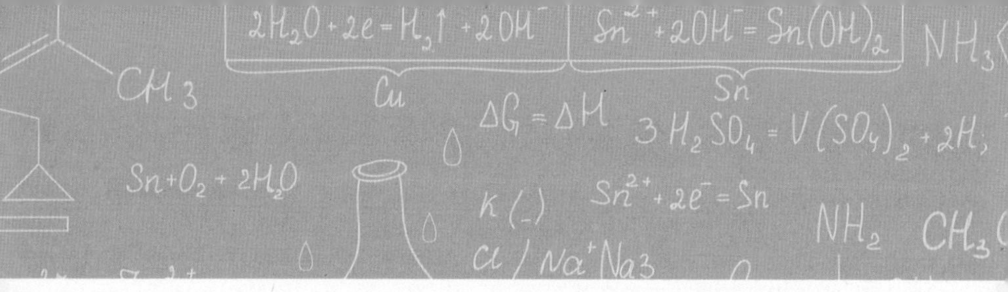

짜고 싶어 하는 사람이 많다는 사실을 알 수 있다. 다이어트나 식품 영양 관련 도서가 큰 인기를 모으는 중이다. 과학적인 관점에서 말하자면 모든 사람에게 똑같이 추천할 만한 식단은 존재하지 않는다. 식단에 대한 조언이나 식품 영양 도서는 개개인의 신진대사에 맞춰 선택해야 한다. 모두가 오랫동안 건강하게 살아갈 수 있는 최적의 식단을 제시한다는 말은 신뢰하기 어렵다. 다만 식품과 그 성분을 과학적으로 안내하고 각각의 기능이 무엇인지 보여 주는 일은 가능하다. 이러한 작업이야말로 우리에게 맞는 음식을 찾는 데 도움이 될 것이다.

술보다 향료를 두려워하는 사람들

음식에 들어 있는 화학물질에 대한 만연한 두려움에서부터 이야기를 시작해 보자. '이건 완전히 화학물질 덩어리잖아!' 많은 사람이 식품의 성분 목록을 읽으면서 이런 생각을 한다. 물론 그 생각은 옳지만, 할머니의 텃밭에서 수확한 산딸기와 슈퍼마켓에서 구매한 냉동 피자에도 똑같이 적용되는 이야기다. 냉동 피자가 산딸기보다 확실히 덜 건강한 식품인 이유는 피자에 인공적인 화학물질이 들어 있는 데 반해 산딸기에는 천연물질만 들어 있어서가 아니다. 각 성분의 용량과 종류 때문에 차이가 생기는 것이다. 그러니 어느 정도의 양이 몸에 해로운 영향을 미치고 식품의 품질에 영향을 미치는지 파악하는 것이 중요하다.

중독 같은 급성 위험에는 신속하게 대응할 필요가 있다. 하지만 장기적인 위험에 적절하게 대비하려면 영양성분을 다른 방식으로 살펴야 한다. 사람들은 몇 년 혹은 몇십 년 후의 먼 미래에 다가올 위험 때문에 엉뚱한 것을 두려워하는 경향이 있다. 독일 위험학 연구자 오트윈 렌Ortwin Renn은 이를 가리키는 '위험의 역설'risk paradox이라는 용어를 만들었다.[1]

우리가 느끼는 비이성적인 두려움 중 하나는 테러 공격의 희생자가 될지도 모른다는 생각이다. 서구의 산업 국가에 사는 사람들이 테러를 당할 가능성은 매우 낮지만, 이 같은 두려움이 실제로 큰 위험을 불러들이기도 한다. 이러한 현상을 설명하기 위해 2001년 9월 11일 뉴욕에서 일어난 9·11 테러에 대한 연구가 자주 인용된다. 사건 직후 몇 달 동안 수많은 미국인이 비행기 납치 사건에 휘말릴까 봐 비행기 대신 차를 타고 여행했다. 그 결과 자동차 교통량이 현저히 늘어났고 교통사고로 인한 인명 피해도 함께 증가했다. 2001년 9월 11일에 테러로 희생된 사람들의 수보다, 테러 이후 3개월 동안 비행기를 피해 자동차를 이용했다가 교통사고로 사망한 사람들의 수가 더 많았다.[2]

엉뚱한 대상을 두려워하는 경향은 음식과 연결되면 특히 심해진다. 예를 들어 사람들은 식품 포장지 뒷면에 적힌 인공 향료를 미심쩍다는 시선으로 바라본다. 해당 향료가 건강을 해친다는 사실이 입증되지 않았더라도 가능한 섭취를 피하려 한다. 반면 알코올, 트랜스지방, 설탕 등 유해하다는 것이 알려진 물질을 마음껏 섭취하는 데에는 거리낌이 없다.

음식 속 화학물질에 대해 알아보기 위해서는 화학성분의 세계를 먼저 간략하게 소개해야 한다. 이제부터 시작해 보자!

물질을 구성하는 흙, 물, 공기, 불 그리고 원자

화학의 렌즈를 통해 세상을 바라보면 우리 주변의 모든 것이 기본적으로 동일한 구성요소, 즉 원자로 이루어져 있다는 사실을 알 수 있다. 모든 것이 원자로 이루어져 있다는 생각의 기원은 고대로 거슬러 올라간다. 하지만 20세기 초까지도 과학자들은 원자가 실제로 존재하는지를 두고 논쟁을 벌였다.

원자가 존재한다는 주장을 열렬히 옹호했던 물리학자 루트비히 볼츠만Ludwig Boltzmann과 오스트리아 빈대학교의 자연철학 대표 교수인 에른스트 마흐Ernst Mach 사이의 논쟁이 특히 유명하다. 마흐는 원자가 실제로 존재한다고 확신하는 볼츠만의 주장을 "그걸 본 적이라도 있는감?"이라는 느릿한 빈 사투리로 일축했다. 1905년 스위스 베른 특허청의 젊은 직원이자 세상에 거의 알려지지 않았던 한 물리학자가 이 분쟁의 해결에 결정적으로 기여했는데, 그가 바로 알베르트 아인슈타인이다.

현미경으로 작은 입자를 관찰하면 '브라운 운동'brownian motion이라고 불리는 움직임이 보이는데, 아인슈타인은 이 움직임이 원자나 분자 사이에서 무작위로 발생하는 충돌 때문에 일어난다고 설명했다. 그의 설명은 사람들이 가지고 있던 인식의 틀을 인상적으로 깨트렸고, 원자의 존재를 의심하던 사람들이 원자를 받아들이는 데 큰 역할을 했다. 이제 우리는 특별하게 제작된 현미경으로 원자를 자세히 관찰할 수 있게 되었다.

원자라는 단어의 어원은 고대 그리스어인 '아토모스'ἄτομος로 더 이상 나눌 수 없다는 뜻이다. 하지만 원자는 훨씬 더 작은 입자로 이루어져 있다는 것이 명백하게 밝혀졌다. 원자 질량의 대부분을 차지하는 곳은 중심부인 핵이다. 원자핵은 양전하를 띠는 양성자와 중성자로 구성되며, 중성자는 더 작은 입자인 쿼크quark로 구성된다. 그리고 원자핵은 음전하를 띠는 전자로 둘러싸여 있다.

원자가 양성자를 얼마나 가지고 있느냐에 따라 특정한 원소가 결정된다. 전하를 띠지 않는 원자는 전자와 같은 양의 양성자를 가지고 있는데, 만약 전자를 얻거나 잃어버리면 전하를 띈 원자가 되는데 이를 '이온'이라고 한다. 예를 들어 보겠다. 수소H 원자는 양성자 한 개와 전자 한 개로 이루어져 있고 중성자는 없다. 헬륨He 원자는 양성자 두 개, 중성자 두 개, 전자 두 개로 이루어져 있다. 현재까지 밝혀진 바에 따르면 양성자를 가장 많이 가지고 있는 원소는 오가네손Og이다. 양성자 118개, 중성자 176개, 전자 118개로 구성되어 있다. 그렇다면 오가네손은 앞으로도 계속 기록 보유자로 남게 될까? 꼭 그럴 거라는 보장은 없다. 더 많은 양성자를 지닌 원소가 발견되는 것은 시간문제다.

고대 그리스 사람들 또한 만물이 어떤 요소로 이루어져 있는지 궁금해했다. 당시에 널리 퍼져 있던 생각은 흙, 물, 공기, 불이라는 네 가지 기본 원소가 있다는 것이었다. 많은 그리스 사상가들은 모든 존재가 이 네 가지 요소의 혼합물이라고 상상했다. 플라톤의 철학적인 대화 내용에서 이러한 견해가 드러난다.

플라톤이 중점적으로 다룬 또 다른 주제는 언뜻 보기에 화학과 별 관계가 없는 것 같지만, 한 번쯤 살펴볼 만하다. 대화록《향연》Symposion에서 그리스 학자와 문인들은 사랑과 에로티시즘에 대해 자세히 이야기한다. 아리스토파네스Aristophanes는 에로스가 사람들에게 가장 큰 행복을 선사하는 힘이라는 것을 역설한다. 원래 인류는 몸이 둥글고 머리가 두 개이며 양성의 특징을 한몸에 지니고 있는 거인이었다. 하지만 이들이 신에게 맞서려 하자 제우스는 거인의 몸을 반으로 갈라 버렸다.[3] 이후로 사람들은 잃어버린 반쪽을 그리워하게 되었다. 플라톤은 아리스토파네스의 말을 인용해 "우리는 완전한 인간의 일부분일 뿐으로, 하나의 덩어리에서 둘로 나뉜 존재다. 그렇기에 모두가 끊임없이 자신의 나머지 반쪽을 찾는 것이다."라고 말했다.[4] 사랑은 욕망의 대상을 필요로 하는 감정인 셈이다.[5]

인간이 기울이는 모든 노력의 기본 원리를 플라톤이 정리했다고 볼 수 있는데, 어떤 면에서는 화학도 하나의 존재가 되기 위한 과정이라는 점을 부정하기 어렵다. 사람들이 '4원소설'四元素說에 작별을 고하고 오늘날의 원소 개념에 도달하기까지는 거의 2,000년이 걸렸다. 잘 알려져 있듯이 원소가 순수한 형태로 발견되는 일은 드물기 때문이다. 대부분은 두 가지나 세 가지, 혹은 수천 가지의 다른 요소와 결합되어 있다. 어떤 요소들은 오랫동안 하나의 상대에게 충실하고, 어떤 요소들은 다양성을 선호한다. 하나 이상의 성분으로 이루어진 원자들이 결합되면 그것을 '분자'라고 한다.

단일 성분의 원자로 구성된 분자의 대표적인 예는 생명 유지에 꼭 필요한 분자인 산소, 즉 O_2이다. 여러분도 알다시피 산소는 O라는 약자로 표현되는 두 개의 산소 원자로 이루어져 있다. 이런 방식으

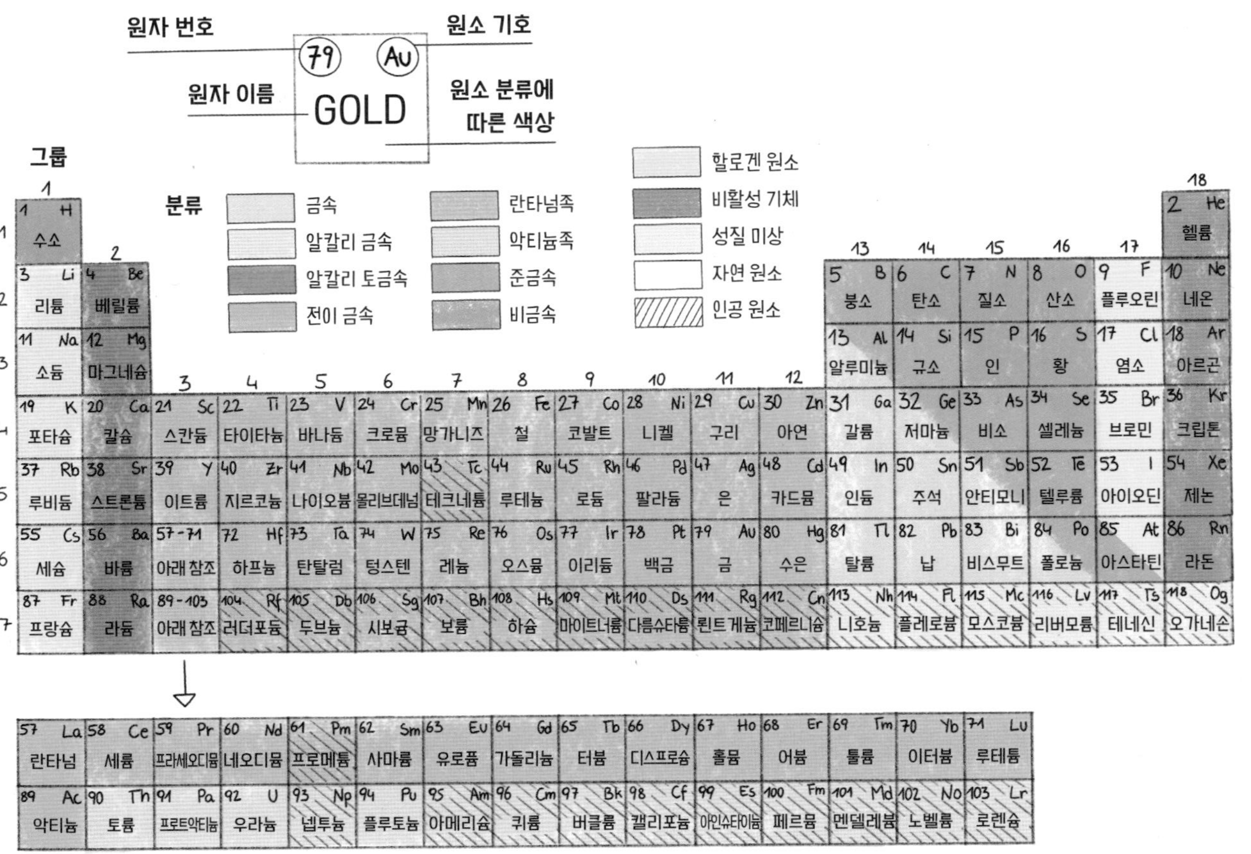

원자 번호
원소 기호
79 Au
GOLD
원자 이름
원소 분류에 따른 색상
그룹
분류
금속
알칼리 금속
알칼리 토금속
전이 금속
란타넘족
악티늄족
준금속
비금속
할로겐 원소
비활성 기체
성질 미상
자연 원소
인공 원소
1 2 3 4 5 6 7 8 9 10 11 12 13 14 15 16 17 18
1 H 수소
2 He 헬륨
3 Li 리튬
4 Be 베릴륨
5 B 붕소
6 C 탄소
7 N 질소
8 O 산소
9 F 플루오린
10 Ne 네온
11 Na 소듐
12 Mg 마그네슘
13 Al 알루미늄
14 Si 규소
15 P 인
16 S 황
17 Cl 염소
18 Ar 아르곤
19 K 포타슘
20 Ca 칼슘
21 Sc 스칸듐
22 Ti 타이타늄
23 V 바나듐
24 Cr 크로뮴
25 Mn 망가니즈
26 Fe 철
27 Co 코발트
28 Ni 니켈
29 Cu 구리
30 Zn 아연
31 Ga 갈륨
32 Ge 저마늄
33 As 비소
34 Se 셀레늄
35 Br 브로민
36 Kr 크립톤
37 Rb 루비듐
38 Sr 스트론튬
39 Y 이트륨
40 Zr 지르코늄
41 Nb 나이오븀
42 Mo 몰리브데넘
43 Tc 테크네튬
44 Ru 루테늄
45 Rh 로듐
46 Pd 팔라듐
47 Ag 은
48 Cd 카드뮴
49 In 인듐
50 Sn 주석
51 Sb 안티모니
52 Te 텔루륨
53 I 아이오딘
54 Xe 제논
55 Cs 세슘
56 Ba 바륨
57-71 아래 참조
72 Hf 하프늄
73 Ta 탄탈럼
74 W 텅스텐
75 Re 레늄
76 Os 오스뮴
77 Ir 이리듐
78 Pt 백금
79 Au 금
80 Hg 수은
81 Tl 탈륨
82 Pb 납
83 Bi 비스무트
84 Po 폴로늄
85 At 아스타틴
86 Rn 라돈
87 Fr 프랑슘
88 Ra 라듐
89-103 아래 참조
104 Rf 러더포듐
105 Db 두브늄
106 Sg 시보귬
107 Bh 보륨
108 Hs 하슘
109 Mt 마이트너륨
110 Ds 다름슈타튬
111 Rg 뢴트게늄
112 Cn 코페르니슘
113 Nh 니호늄
114 Fl 플레로븀
115 Mc 모스코븀
116 Lv 리버모륨
117 Ts 테네신
118 Og 오가네손
57 La 란타넘
58 Ce 세륨
59 Pr 프라세오디뮴
60 Nd 네오디뮴
61 Pm 프로메튬
62 Sm 사마륨
63 Eu 유로퓸
64 Gd 가돌리늄
65 Tb 터븀
66 Dy 디스프로슘
67 Ho 홀뮴
68 Er 어븀
69 Tm 툴륨
70 Yb 이터븀
71 Lu 루테튬
89 Ac 악티늄
90 Th 토륨
91 Pa 프로트악티늄
92 U 우라늄
93 Np 넵투늄
94 Pu 플루토늄
95 Am 아메리슘
96 Cm 퀴륨
97 Bk 버클륨
98 Cf 캘리포늄
99 Es 아인슈타이늄
100 Fm 페르뮴
101 Md 멘델레븀
102 No 노벨륨
103 Lr 로렌슘

로 구성되는 분자는 드물다. 보통은 서로 다른 성분의 원자들이 결합한다. 플라톤의 《향연》으로 돌아가서 말하면, 원소들은 특정한 욕망에 따라 움직인다. 원자는 결합이 필요할 때 주로 음전하 입자인 전자에 의존한다. 아주 간단하게 설명하기 위해 '양파 껍질 모델'을 예로 들겠다. 전자가 양파 껍질처럼 서로 다른 거리에서 원자핵을 둘러싸고 있다고 상상해 보자. 첫 번째 껍질에는 전자가 두 개 있고, 가장 바깥쪽 껍질에는 전자가 여덟 개 있는 식이다.

양파 껍질 모델은 원자의 모습을 설명하는 방법 중 하나일 뿐이라는 점을 강조하고 싶다. 과학자들도 정확한 형태를 알지는 못한다. 다만 실험 결과를 되도록 잘 설명할 수 있는 모델을 만들고자 노력할 따름이다. 양파 껍질 모델보다 실제 모습을 더 잘 나타내는 복잡한 모델도 있지만, 명확한 설명을 하려면 양파 껍질 모델을 쓰는 편이 낫다.

원자들이 결합하는 이유를 이해하려면 모든 원자가 가지고 있는 공통 성질에 대해 알아야 한다. 원자는 가장 바깥쪽의 껍질을 무조건 여덟 개의 전자로 채우고 싶어 한다. 그래서 원자들은 서로 결합해 분자를 형성하고, 가장 바깥쪽에 있는 전자를 공유한다. 예를 들어 보겠다. 물 분자인 H_2O의 경우 산소 원자는 H로 약칭되는 두 개의 수소 원자와 전자 한 개씩을 공유한다. 각 원자가 전자를 하나씩 공유하는 것을 '단일결합'이라 한다. 물을 구성하는 수소 원자와 산소 원자는 두 개의 단일결합을 통해 전자로 바깥쪽을 채우고 싶다는 욕망을 해결할 수 있다. 또 다른 결합의 예는 산소 분자인 O_2이다. 이 분자를 구성하는 두 개의 산소 원자는 각각 두 개의 전자를 공유한다. 이로써 단일결합보다 강도가 센 '이중결합'이 이루어진다. '삼중결합'은 세 개의 전자를 공유하는 결합이기 때문에 더욱 강력하다.

화학에서는 순수한 원소를 거의 다루지 않는다. 화학은 본질적으로 원자들이 일으키는 반응과 결합에 대한 학문이다. 그래서 화학의 절반쯤은 이 한 문장으로 요약된다고 주장하는 사람도 있다. '외곽에 둘 전자가 부족한 원자는 전자를 구하기 위해 교환, 구걸, 전투, 동맹, 배신 등 온갖 수단을 동원한다.'[6]

전자를 얻기 위한 투쟁과 전자 교환은 우리가 어떤 음식을 갈망하거나 먹은 음식을 소화할 때 몸속에서 늘 일어나는 일이다. 물론 특정한 음식이 당기고 섭취한 음식이 에너지로 바뀌는 현상에는 다른 요인도 작용하겠지만, 식탁을 화학적 관점으로 바라본다면 새로운 통찰을 얻을 수 있을 것이다. 이제 더 알아보고 싶다는 호기심이 여러분의 마음속에 생겼기를 바란다.

음식에서 얻는 인체 원료: 탄수화물, 단백질, 지방

탄수화물은 우리가 먹는 식품의 중심 성분이다. 화학적으로 볼 때 탄수화물은 하나 이상의 당 분자가 결합한 물질이다. 가장 단순한 형태의 탄수화물은 단당류 또는 단순당이라고 부르며, 하나의 당 분자로 구성된다. 화학자들에게는 글루코스glucose라는 이름으로 더

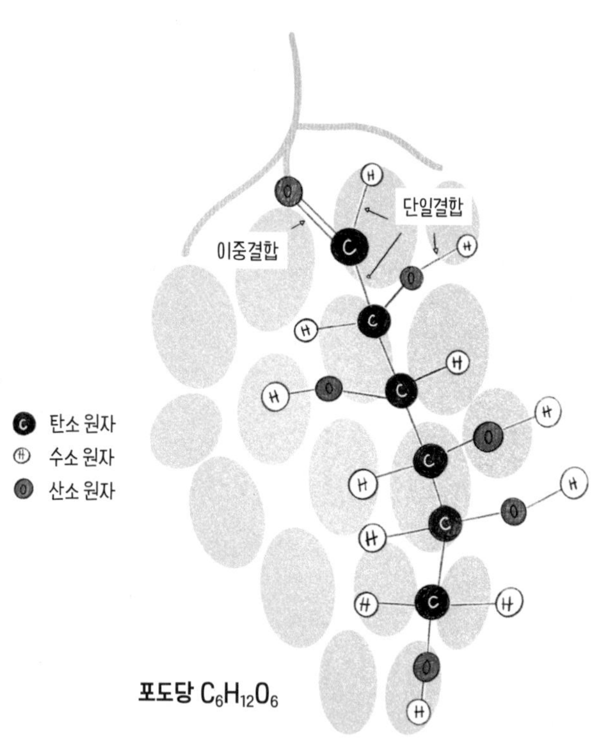

포도당 $C_6H_{12}O_6$

익숙한 포도당, 화학계에서는 프럭토스fructose라고 부르는 과당도 단당류에 속한다. 포도당과 과당은 동일한 원자로 구성되어 있지만 구조가 서로 다르다. 화학반응은 레고 조립과 비슷해서 다양한 원자들을 특정한 규칙에 따라 결합하면 여러 가지 분자를 만들 수 있다. 동일한 원자들을 이용해 각기 다른 분자를 만드는 것도 가능한 일이다.

인체는 포도당으로 움직이는 일종의 엔진이다. 포도당은 신진대

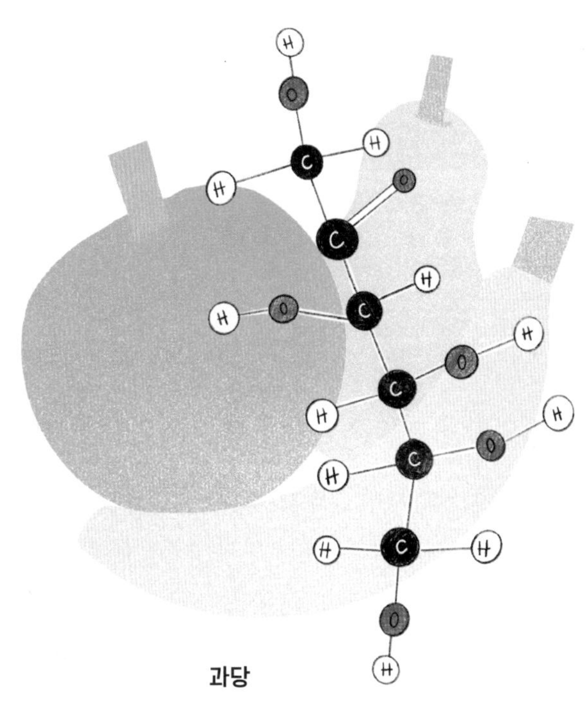

과당

사를 일으키는 분자다. 인간의 몸은 하루에 약 200그램의 포도당을 소비하는데, 그중 75퍼센트를 뇌에서 쓴다. 포도당은 체내에서 아데노신 삼인산adenosine triphosphate, ATP이라는 분자로 전환된다. 이 분자는 세포 속에서 가장 보편적인 에너지 전달체로 쓰인다.

혈류를 통해 신체 각 부위로 공급되는 포도당은 필요할 때 ATP로 바뀐다. 혈중 포도당이 얼마나 많은가에 따라 혈당 수치가 높거나 낮다고 이야기한다. 혈당 수치가 지나치게 높으면 장기적으로 혈관에 문제가 생기고, 특히 신장 등의 장기가 손상될 수 있다. 혈당 조절이 어려운 당뇨병 환자들의 신장이 오랜 기간에 걸쳐 병드는 이유다.

인체는 두 가지 과정을 통해 혈당을 조절한다. 이제 막 음식을 먹었고 큰 에너지가 필요하지 않을 때는 혈당을 낮춰야 한다. 이런 상황에서는 췌장에서 생성되는 호르몬인 인슐린이 쓰인다. 인슐린은 포도당을 혈류에서 뽑아내 다른 형태로 저장한다. 저장용 탄수화물인 글리코겐glycogen의 형태로 간에 보관해 두거나 지방으로 바꾸어 놓는다. 반대로 혈당을 높여야 할 때도 있다. 오랫동안 아무것도 먹지 않았지만 에너지가 필요한 상황이 그 예다. 호르몬은 글리코겐을 다시 포도당으로 전환해 신체에 에너지를 공급한다. 글리코겐을 모두 다 쓰고 나면 비축해 두었던 지방을 사용하게 된다.

단당류인 포도당과 과당 외에도 여러 개의 당 분자로 이루어진 다양한 탄수화물이 존재한다. 단당류 분자 두 개가 결합한 물질은 이

당류라고 부른다. 수크로스sucrose가 대표적인 이당류로, 이는 집에서 사용하는 설탕의 화학적 명칭이다. 우유에 함유된 유당 또한 이당류에 속한다.

당 분자로 이루어진 긴 사슬은 다당류라고 불린다. 화학적인 관점에서 볼 때 녹말이나 섬유소는 수백에서 수천 개의 포도당이 이어져 있는 긴 사슬이다. 이 복잡한 구조의 물질을 소화하기 위해 생물체는 긴 사슬을 분해할 수 있는 특별한 효소를 생산한다. 일반적으로 사슬이 길수록 단맛이 덜한데, 빵을 오래 씹을수록 단맛이 더해지는 이유는 소화 과정에서 분자 사슬이 끊어지기 때문이다.

우리 몸은 식물의 세포벽을 이루는 주성분인 섬유소 같은 일부 탄수화물을 분해하지 못한다. 하지만 소화되지 않는 물질인 섬유소에도 좋은 점이 있으니 장내 활동을 바람직한 방향으로 정돈해 준다는 것이다.

인간이 건강을 유지하려면 탄수화물 외에도 단백질, 지방, 무기질, 비타민 그리고 물이라는 다섯 가지 물질을 섭취해야 한다. 우선 단백질에 대해 살펴보자. 화학적으로 말하면 단백질은 체내에서 다양한 역할을 수행하는 아미노산으로 이루어진 물질이다.

지방과 관련한 몇몇 화학용어는 일상에서 흔히 쓰이는 말이 되었다. 여러분은 아마도 포화지방산, 불포화지방산, 오메가3지방산이라는 용어를 들어 봤을 것이다. 각각이 어떤 물질인지는 정확히 몰라도 복잡한 구조의 불포화지방은 포화지방보다 건강에 좋고, 오메가3지방산은 인체에 필수적이라는 사실은 이미 알려져 있다. 그렇다면 이 물질들이 이로운 이유는 무엇일까?

한 단계씩 차근차근 알아보자. 우리의 몸은 에너지를 지방산의 형태로 지방세포에 저장한다. 이름만 봐도 알 수 있듯이 지방세포의 대부분은 지방으로 이루어져 있다. 다이어트를 하면 세포 속의 지방 함량은 줄어들지만, 지방세포 자체가 없어지지는 않는다. 장기간에 걸쳐 음식 섭취가 부족하다는 신호를 받으면 크기가 점점 작아질 뿐이다. 체내의 지방은 다양한 역할을 담당한다. 에너지를 저장하고 체온을 유지하며, 발꿈치 같은 부위에 있는 지방은 물리적인 압력으로부터 몸을 보호한다.

지방산에는 여러 가지 종류가 있는데 모두 카복실기carboxyl group(탄소 원자, 산소 원자, 산소와 수소 원자의 결합체로 구성되어 있다)를 가지고 있고, 수소 원자로 장식된 탄소 원자의 사슬로 이루어져 있다. 일부 지방산의 사슬 속 탄소 원자들은 이중결합을 맺고 있는데(39쪽 그림 참조) 이러한 지방산을 불포화지방산이라고 한다. 이중결합이 생긴 곳의 수소 원자 두 개는 탄소에서 분리되고, 이중결합 탄소 원자에는 수소 원자가 각각 한 개씩만 결합한다. 이 점 때문에 '불포화'라는 명칭이 붙는다. 두 개 이상의 이중결합이 있는 지방산은 복합불포화지방산, 이중결합이 없는 지방산은 포화지방산이라고 부른다.

일부 불포화지방산은 체내에서 생성할 수 없기 때문에 음식을 통해 충분한 양을 섭취해야 한다. 특정한 위치에 이중결합이 존재하는 오메가n지방산이 그런 물질에 속한다. 오메가3지방산이라는 이름은 맨 끝에 있는 카복실기로부터 오른쪽 세 번째 탄소 원자에 이중결합이 있다는 의미다. 오메가3지방산은 아마씨, 치아씨, 호두, 카놀라유, 콩기름 등의 식물성 식품과 연어, 멸치, 고등어, 정어리, 청어 등 지방이 풍부한 생선에 함유되어 있다.

영양에 대한 정확하고도 과학적인 연구를 인체를 대상으로 수행하기란 매우 어려운 일이다. 건강에 해로울 수도 있는 음식을 오랫동안 다량으로 섭취한다면 윤리적인 문제가 생길 수밖에 없다. 게다가 개개인의 생활 방식 때문에 결과가 왜곡되기도 쉽다.

특정 물질이 사람에게 미치는 영향을 판단하는 방법으로는 이른바 무작위 통제 실험이 최선책이다. 일단 연구 대상이 되는 물질을 섭취하지 않는 통제 집단을 설정해야 한다. 무작위성 또한 중요한데, 실험 대상자와 연구자 중 누구도 어떤 사람이 어떤 집단에 속하게 될지 모르고 있어야 한다. 식품에 대한 연구를 무작위 통제 실험으로 수행하는 것은 물론 어려운 일이다. 사람들은 자신이 무엇을 먹었는지 알고 있기 때문에 그들의 심리가 실험 결과에 영향을 미치기 마련이다.

식품의 영향을 알아보는 연구가 이토록 까다로움에도 불구하고,

지방산
분자 구조

사슬로 연결된 탄소 원자 각각에
수소 원자(Ⓗ)가 결합되어 있지만,
아래처럼 분자 구조에서
수소 원자를 생략할 수 있다.

이중결합 없음:
*** 포화지방산**

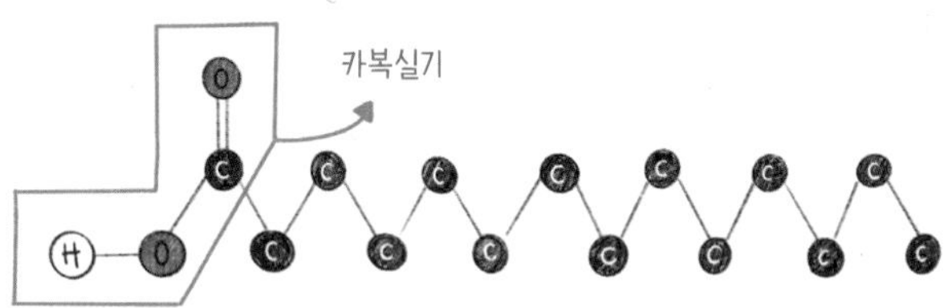

이중결합 있음:
*** 단일 불포화지방산**

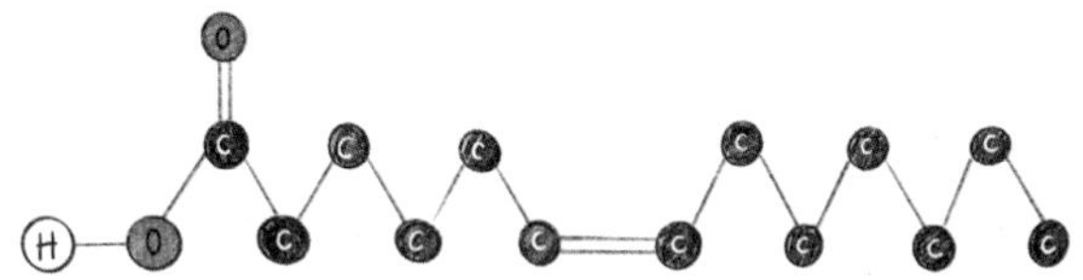

*** 복합 불포화지방산**

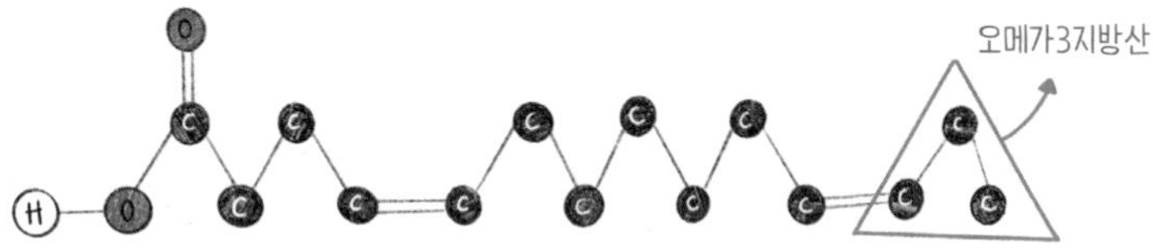

*** 트랜스지방산**

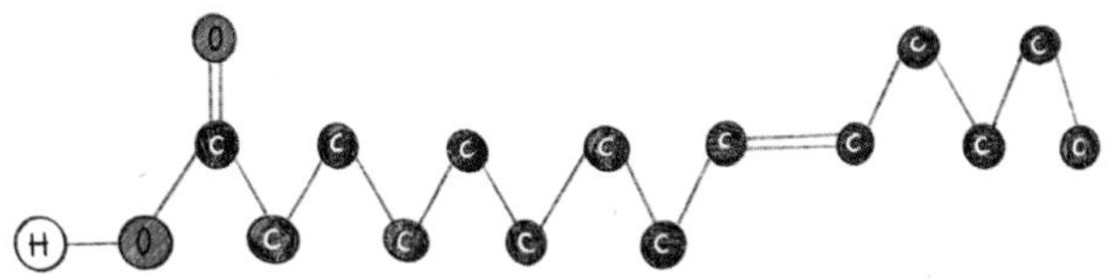

오메가3지방산을 규칙적으로 섭취하면 수많은 긍정적 효과가 일어난다는 실험 결과가 나왔으니 이 물질에 주목할 만하다. 동맥경화 방지, 혈압 저하, 백혈구 활동 강화, 알츠하이머병 발병 위험 감소는 지금까지 밝혀진 효과 중 일부에 불과하다. 그러나 이 실험들은 명확한 증거를 제시하지 못했다. 2018년부터 이루어진 79건의 무작위 통제 실험에서는 오메가3지방산의 긍정적인 효과가 입증되지 않았다. 한편으로는 오메가3지방산의 부정적인 영향 또한 관찰되지 않았다.[7]

불포화지방산의 또 다른 형태로 트랜스지방을 들 수 있다. 트랜스지방도 이중결합을 가지고 있지만 불포화지방산과는 수소가 결합되는 위치가 다르다. 트랜스지방은 간혹 자연에서 발생하기도 하지만 주로 식물성 기름을 가공해 굳히는 과정에서 만들어진다. 마가린, 감자튀김, 햄버거, 크루아상 등이 트랜스지방을 포함하는 음식들이다. 다른 불포화지방산과는 달리 트랜스지방은 건강에 이롭지 않은 것으로 알려져 있다. 소화기관의 효소가 인식하고 분해하지 못하기 때문에 간과 혈액을 통해 처리해야 하는 물질이어서 혈중 지방 농도를 높인다.[8]

트랜스지방은 심장마비와 뇌졸중 위험을 증가시킨다는 혐의를 받고 있다. 사람들은 오랫동안 마가린 같은 식물성지방이 버터 같은 동물성지방의 건강한 대안이라고 생각했지만, 이제는 트랜스지방이 지방 가운데 가장 건강에 나쁘다는 사실을 잘 안다. 건강한 식단을 중시한다면 마가린이 들어간 빵보다는 버터가 들어간 빵을 먹는 편이 낫다.

세계보건기구WHO는 트랜스지방을 너무 많이 섭취해서 목숨을 잃는 사람이 매년 약 50만 명인 것으로 추산한다.[9] 유럽연합의 집행위원회는 2021년부터 식품 속 트랜스지방의 함량을 제한하는 조치를 시행하고 있다.[10]

바삭하고 군침 도는 유해물질 3대장

화학을 이해하면 위험한 물질을 식별할 수 있고 가능하다면 피할 수도 있다. 자, 이제 식품 속 '유해물질 삼대장'이 무엇인지 알아볼 준비가 되었는가?

벤조피렌benzopyrene은 인간에게 극도로 해로운 물질이다. 탄소 원

자와 수소 원자로 구성된 이 분자는 유기물질이 불완전하게 연소될 때 만들어진다. 주로 자동차 배기가스, 공장 매연, 담배 연기를 통해 배출되며 음식을 굽거나 훈제할 때도 생성된다. 벤조피렌은 발암성이 가장 높은 물질 중 하나라는 사실을 기억하자. 이 물질을 자주 들이마시거나 섭취하면 암에 걸릴 위험이 커진다.

바비큐 요리를 할 때 고기를 수직으로 매달아 연기가 덜 나게 하

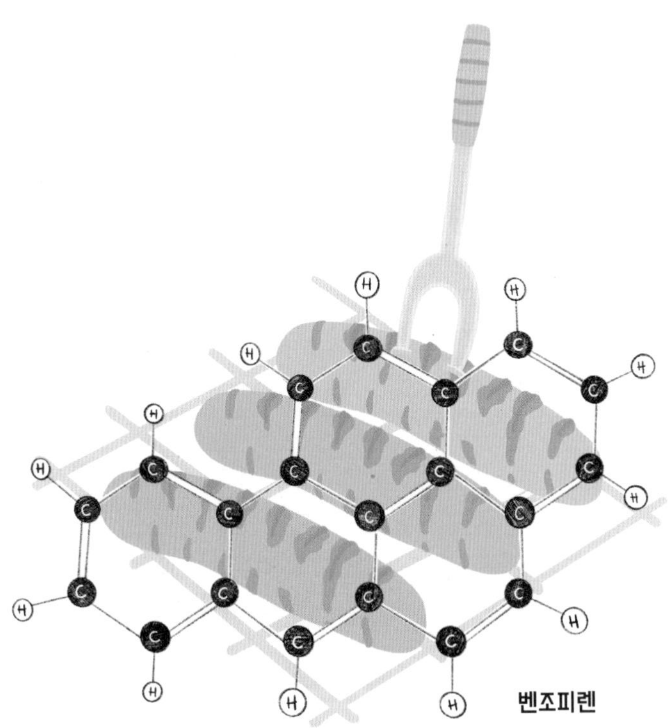

면 벤조피렌의 생성을 줄일 수 있다. 고기가 바싹 익은 부분이나 빵이 탄 부분은 아무리 맛이 좋아도 잘라 내야 한다. 그릴 구이용 재료를 알루미늄 포일 위에 놓고 굽는 것도 좋다. 벤조피렌이 고기에 쌓이는 것을 막으려면 연기가 사그라지고 열기만 남았을 때부터 고기를 구워야 한다.

음식 속 유해물질에 대한 이야기로 돌아가서, 점심 식사 때 숯불에 구운 고기와 구운 감자를 소스에 찍어 먹었다고 가정해 보자. 건강에 가장 해로운 것은 소스에 들어 있는 인공 감미료가 아니다. 그보다는 오히려 고기나 감자 속의 벤조피렌을 걱정해야 할 것이다.

순수한 형태의 아크릴아마이드acrylamide는 냄새가 없는 흰색 분말로 무해하다는 인상을 주는 물질이다. 아크릴아마이드는 섭씨 120도 이상의 온도에서 포도당이나 과당이 단백질의 구성요소와 반응할 때 생성된다. 식재료를 굽거나, 오븐에 넣고 익히거나, 볶거나, 기름에 튀길 때 만들어지며 온도가 높을수록 더 많이 생겨난다. 구운 감자, 감자칩, 감자튀김, 토스트에 많이 들어 있고 비스킷과 케이크에도 함유되어 있다. 사람들은 바삭하게 구워진 갈색 부분을 좋아하지만, 이 부분에는 엄청난 위험이 도사리고 있다. 동물 실험을 통해 아크릴아마이드가 암을 유발하며 유전자와 신경을 훼손한다는 사실이 밝혀졌다.

이 물질이 인체에 미치는 위험에 대해서는 아직 충분한 연구가 이

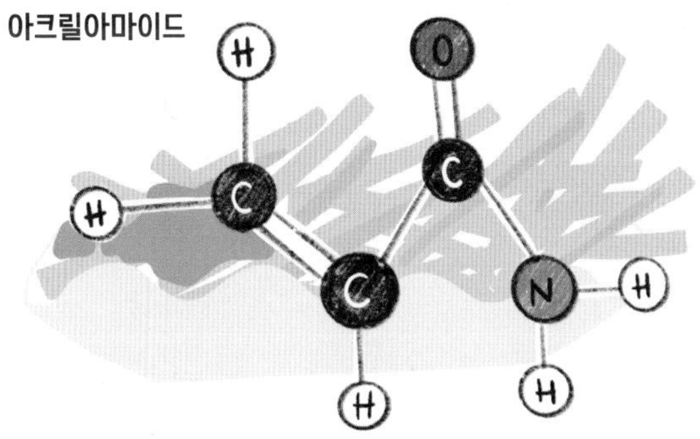

루어지지 않았기 때문에 식품 속 아크릴아마이드 함유량과 관련한 법적 제한은 아직 없다. 일일 섭취량이 얼마나 되어야 건강에 해로운지 현재로서는 설정하기 어렵다는 이야기다. 세계보건기구의 국제암연구소IARC는 아크릴아마이드가 인체에 발암물질로 작용할 수 있다고 보는데, 유럽 식품안전청EFSA도 이에 동의한다.[11] 따라서 아크릴아마이드의 섭취에는 ALARAas low as reasonably achievable 원칙이 유효하다. 즉, 적게 섭취할수록 좋다.

음식을 낮은 온도에서 튀기거나 구우면 아크릴아마이드 섭취를 줄이는 데 도움이 된다. 식재료를 찌거나 삶으면 굽거나 튀길 때에 비해 아크릴아마이드가 적게 발생한다. 빵은 바삭하게 구운 것보다 살짝 구운 것이 건강에 더 좋고, 감자튀김의 색은 진한 것보다 연한 것이 더 낫다. 식품 제조업체들은 가능한 아크릴아마이드가 적은 식품을 생산해 달라는 요구를 받고 있다.

우리 몸에 해를 끼칠 수 있는 또 다른 물질은 바로 아질산염nitrite이다. 질소 화합물인 질산염은 자연적으로 토양에 존재하고, 식물의 성장을 돕기 위해 농부들이 비료로 사용하기도 한다. 하지만 이 무해한 화학물질은 음식에 함유되거나 체내에 들어가면 독성물질로 바뀐다.

질산염은 절임용 소금에도 들어 있고 살라미, 베이컨, 햄, 훈제육 등 많은 육류 가공 제품에도 들어 있다. 질산염이 특히 풍부한 채소로는 시금치, 양상추, 상추, 근대, 루꼴라를 들 수 있다. 이 식재료들을 오랫동안 따뜻한 곳에 두거나 재가열하면 그 속에 함유되어 있던 질산염이 아질산염으로 변한다. 비료를 통해 지하수로 유입된 질산염이 식수에 들어가 우리가 마시게 될 가능성도 있다.

체내에 들어간 아질산염은 적혈구 속의 색소인 헤모글로빈을 메트헤모글로빈methemoglobin으로 변환시킨다. 메트헤모글로빈은 산소와 결합하지 못하기 때문에 이 물질이 늘어나면 신체 조직에 필요한 산소가 부족해진다. 혈중 메트헤모글로빈 농도가 높아지면 뇌에 산소가 부족해져 정신 혼란, 어지럼증, 의식 장애가 발생할 수 있다. 유아가 질산염과 아질산염을 섭취하는 것은 특히 위험하다. 산소 부족은 생명에 위협이 되기 때문이다.

바나나 향을 만드는 데 위스키가 필요하다

바나나는 화학이 감각을 속이는 데 활용되기도 한다는 것을 보여 주는 좋은 예다. 바나나의 독특한 향기는 30개 이상의 요소가 합쳐져 만들어진 것이다. 그중 가장 도드라지는 요소는 이소아밀아세테이트isoamyl acetate이다. 탄소, 수소, 산소 원자로 구성된 이 화합물은 바나나에 함유되어 있는 천연물질이지만 실험실에서도 비교적 쉽게 만들 수 있다. 위스키나 브랜디에 들어 있는 이소아밀알코올과 농축 아세트산만 있으면 된다. 둘 다 바나나와 상관없어 보이지만, 두 물질을 화학적으로 결합시키면 우리가 익히 알고 있는 과일을 연상케 하는 물질이 만들어진다. 그러나 집에서 하기에 적절한 실험은 아니다. 위스키가 아깝다!

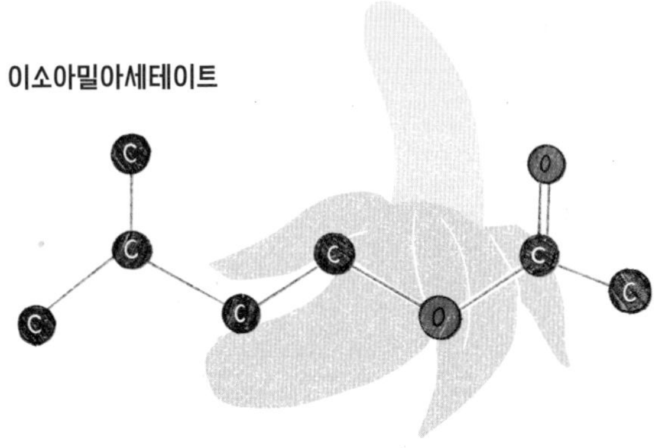

바나나에서 분자를 추출하는 것보다는 실험실에서 이소아밀아세테이트를 만드는 것이 훨씬 쉽고, 두 물질은 정확히 동일하다. 하지만 인공적으로 생산되는 향료는 대부분 그다지 좋은 시선을 받지 못한다. 인공물질은 인체에 해롭다는 우려가 널리 퍼져 있기 때문이다. 만약 인공 이소아밀아세테이트가 실제로 인체에 해롭거나 독성을 띤다면 – 그렇다는 증거가 전혀 없기는 하지만 – 바나나에 함유된 이소아밀아세테이트 또한 마찬가지일 것이다.

과일 향을 내는 물질은 대개 에스터로 이루어져 있다. 에스터는 산과 알코올 간의 반응으로 만들어지는 화합물이다. 과일 향은 에스터 분자에 탄소 원자가 얼마나 들어 있느냐에 따라 달라진다. 가령 '바나나의 에스터'인 이소아밀아세테이트에서 탄소 원자 하나를 제거하면 산딸기 향을 내는 핵심 물질인 이소부틸아세테이트isobutyl ac-

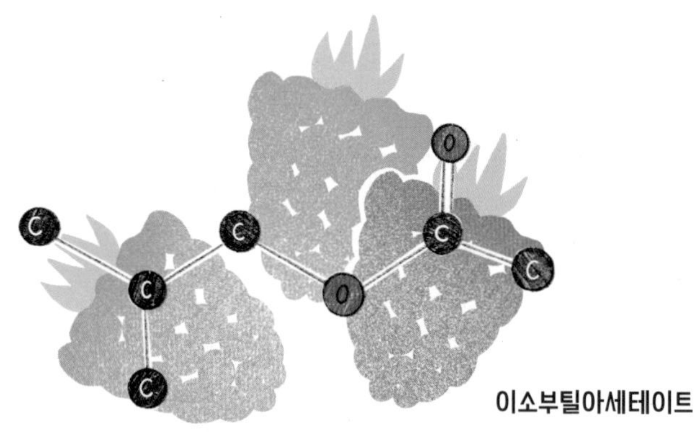

이소부틸아세테이트

etate가 생성된다.

일반적으로 에스터에 포함되는 탄소 원자의 수가 적을수록 냄새가 더 진해진다. 이는 분자의 끓는점과 관련이 있다. 분자가 클수록 끓는점이 높고 냄새가 옅다.

과일이 먹기 좋은 상태로 변하는 숙성 과정에도 화학이 관여한다. 사과, 바나나, 체리는 충분히 익으면 에틸렌ethylene이라는 가스를 방출한다. 이 가스는 과일 내부에서 전달물질로 활동하지만, 주변의 과일에도 영향을 미칠 수 있다. 예를 들어 사과는 에틸렌을 비교적 많이 발산하는데, 이 때문에 사과와 함께 저장한 과일은 더 빨리 익게 된다. 에틸렌은 식물의 녹색 색소인 엽록소를 분해해 그 안에 저장되어 있던 성분을 당분으로 바꾼다. 과일이 익으면 단맛이 나는 이유다.

과일과 채소는 인체의 화학반응을 일으키는 물질을 분비하기도 한다. 양파를 썰 때 눈물이 흐르는 것을 예로 들 수 있다. 왜 이러한 현상이 일어날까? 양파에는 포식자로부터 자신을 보호하기 위한 두 가지 화학물질이 함유되어 있는데, 두 물질이 결합하면 자극성 가스가 만들어지기 때문이다.

모든 양파 세포의 외곽층에는 황이 포함된 아미노산인 알리인alliin이라는 물질이 존재하고 세포 안에는 알리나아제allinase라는 효소가 들어 있다. 양파를 자르면 이 효소가 알리인을 분해하는데, 그 결과 습한 표면에 잘 달라붙는 성질을 지닌 프로판싸이알-S-옥사이드propanethial-S-oxide라는 가스가 생겨난다. 도마 위에 양파를 얹어 놓고 썰다 보면 불행히도 이 가스가 망막에 달라붙는다. 자극적인 물질을 빨리 제거하기 위해 눈에서는 눈물이 흐르게 된다.

이제 양파를 썰 때 왜 눈물이 나는지 이유를 파악했으니 어떻게 하면 눈물이 나지 않을지 궁금할 것이다. 방법은 쉽다. 자극적인 가스가 달라붙을 만한 습기 있는 물건을 준비해보자. 가령 젖은 수건을 어깨에 걸치면 눈물을 흘리지 않은 채로 양파 썰기가 가능하다. 혀를 내미는 것도 눈물을 막는 데 도움이 된다. 다만 가족들이 깜짝 놀란 눈으로 바라보는 것쯤은 각오해야 한다.

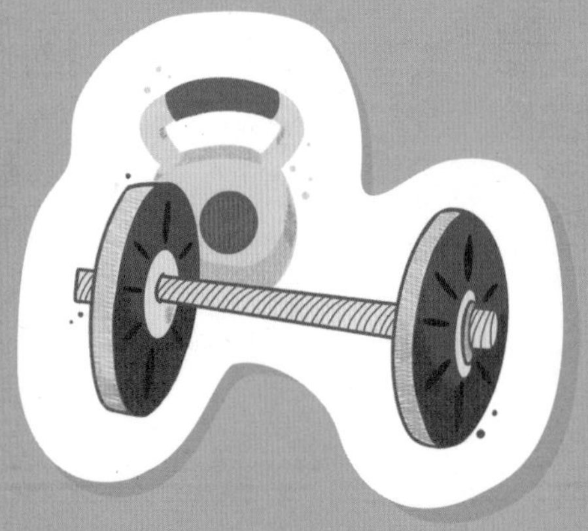

제2장

인체와 화학

나를 살리는 화학, 죽이는 화학

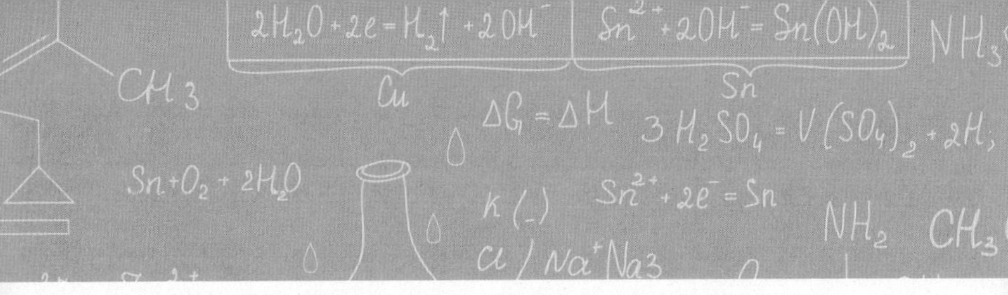

나에게 좋은 날이란 아침 약속이 없어 헬스장에 갈 시간을 낼 수 있는 날이다. 다른 회원들이 운동에 집중하는 동안 나는 내 몸에서 일어나는 화학반응에 주의를 기울인다. 사실 많은 이들은 자신의 몸이 무엇으로 구성되어 있고 어떻게 작동하는지 잘 모른다.

화학은 신체를 더 깊이 이해하게 해 주는 독특한 접근법을 알려준다. 심장박동도, 손을 움직여 책을 읽는 움직임도 화학적이고 물리적인 과정에 따라 일어나는 것이다. 이러한 과정을 이해하면 더 건강한 삶을 더 오래 유지할 수 있다. 게다가 러닝머신 위에서 달리는 동안 몸에서 어떤 화학반응이 일어나는지 상상하는 것은 대단히 즐거운 일이다.

1장에서 체내의 보편적인 에너지로 쓰이는 아데노신삼인산, 즉 ATP에 대해 이야기한 바 있다. 이 분자는 탄소, 수소, 질소, 산소, 인 원자로 구성되어 있다.

그림을 통해 알 수 있듯이 ATP는 세 개의 인산기(인과 산소 원자의

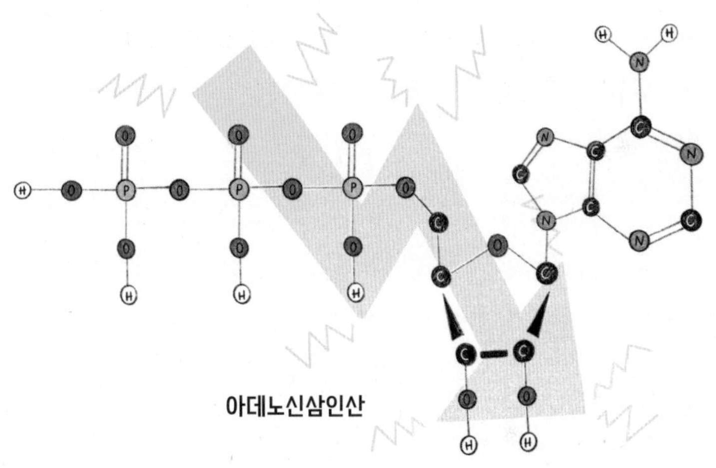

결합체—옮긴이)를 포함하고 있다. 인산기는 물과 반응해 차례로 분리되어 에너지를 방출한다. ATP는 몇 초 안에 소비되고 다시 생산되는데, 우리 몸은 하루 평균 40킬로그램에서 80킬로그램가량의 ATP를 사용한다.[12]

화학적으로 말하면 근육의 대부분은 단백질로 구성되어 있다. 일부 운동선수들이 단백질 셰이크를 즐겨 마시는 이유가 바로 여기에 있다. 단백질 셰이크를 마셔서 근육을 만드는 물질을 바로 신체에 공급하는 것이다.

근육을 이루는 단백질은 매우 강력하게 결합되어 있다. 하지만 근육은 손상되기가 매우 쉽다. 마라톤처럼 근육에 장기간 무리를 주는 운동을 하거나 테니스처럼 근육 수축을 갑작스레 멈추는 운동을 할 경우 근육세포가 손상되고 작은 균열이 일어난다. 그 사이로 물이 들어가면 얼마 후(24시간에서 36시간 정도 후) 작은 부종이 생긴다. 물이 축적되어 근육세포가 부풀어 오르는 것이다. 뒤이어 포식세포라고도 불리는 대식세포(체내에 침입한 유해물질이나 손상된 세포를 포식하는 세포로 혈액, 림프, 결합 조직에 존재—옮긴이)가 손상을 복구하기 위해 이동한다. 이 과정으로 인해 우리가 격렬한 운동을 한 다음 날 특유의 근육통을 느끼게 되는 것이다.[13]

내 헬스장 친구 중 몇몇은 가지사슬 아미노산branched-chain amino

acid, BCAA이라는 생소한 이름의 성분이 들어간 보충제를 먹는다. 보디빌더들이 근육을 만드는 기적의 약이라고 여기는 보충제다. 어떤 비밀이 숨겨져 있는 걸까?

그 안에는 아미노산인 이소류신isoleucine, 류신leucine, 발린valine이 들어 있다. 모두 체내에서는 생산되지 않는 물질이다. 세 아미노산은 독특한 생리학적 특성을 가지고 있다. 다른 아미노산처럼 간에서 처리되지 않고 골격근에 직접 도달해 근육 단백질의 형성을 효과적으로 지원하는 것이다.

가지사슬 아미노산의 긍정적인 효과는 그 외에도 더 있지만 아직 관련 연구가 미미한 상황이다. 일반적으로 유럽연합의 보충제 관련 규제는 식품 관련 규제에 비해 덜 엄격하니, 캡슐이든 알약이든 가루약이든 가지고 있다면 소량만 복용하기를 권한다.

스마트폰보다 적은 재료로 만들어진 인간

지구상에 인간의 몸보다 더 복잡한 조직은 거의 없을 것이다. 화학의 가장 큰 장점 중 하나는 모호한 부분을 명확하게 정리해 주고 혼돈 속에서도 큰 줄기를 파악할 수 있게 도와준다는 점이다. 우리의 몸은 고작 25개의 화학적 요소로 이루어져 있다. 인체가 수행하는 일이 대단히 많으니 이는 상당히 효율적인 숫자인 셈이다. 스마트폰을 구성하는 요소가 30개 이상이라는 점을 고려하면 더욱 그렇다.

인체의 56.1퍼센트를 구성하는 산소는 몸무게의 절반 이상을 차지한다. 탄소의 비율은 28퍼센트로 2위다. 또한 우리 몸의 9.3퍼센트는 수소로 이루어져 있다. 수소의 비율이 그다지 높지 않은 것처럼 보이겠지만, 수소 원자는 탄소 원자보다 훨씬 가볍다는 점을 고려하면 상당히 놀라운 수치다. 그 뒤를 잇는 구성요소는 2퍼센트의 질소, 1.5퍼센트의 칼슘, 1퍼센트의 염소와 인이다. 나머지 1.1퍼센트를 이루는 물질은 황, 철, 아연, 아이오딘, 플루오린, 구리, 마그네슘, 칼륨, 나트륨, 셀레늄, 코발트이다.[14]

인체의 기본을 이루는 성분을 보면 짐작할 수 있듯이 사람의 몸에서 가장 중요한 화합물은 물이다. 성인의 경우 신체의 3분의 2가 H_2O로 이루어져 있다. 물은 체내에서 일어나는 다양한 화학작용의 용매 역할을 하며, 운반 수단으로도 쓰인다.

산소는 체내에서 여러 가지 화합물을 형성한다. 때때로 두 개의 산소 원자가 모여 산소 분자 O_2를 만드는데, 이는 노화를 일으키는 주요 원인이다. 일반적인 이론에 따르면 산소 분자가 대사되는 과정에서 활성산소active oxygen가 생겨난다. 활성산소는 반응성이 매우 높고 단백질이나 DNA 같은 체내의 다른 분자들을 손상시키는, 수명이 짧은 화합물이다. 몸에 해로운 한편으로 생존에 반드시 필요하기도 한 터라 문제가 복잡하다. 인체가 음식에서 에너지를 흡수하기 위한 중간 매개체로 생산하는 물질이 바로 활성산소인 것이다. 우리의 몸은 활성산소의 해악을 없애는 보호 장치를 갖추고 있지만, 불행히도 이 장치가 늘 완벽하게 작동하지는 않는다.[15]

이것이 항산화물질 섭취를 권장하는 이유다. 항산화물질은 반응성 산소 화합물을 차단해 세포 손상을 방지한다. 당근, 토마토, 시금치, 상추, 오렌지, 콩, 브로콜리, 파프리카에서 발견되는 카로틴carotene이 항산화물질 중 하나다. 비타민 E와 비타민 C도 항산화물질이다. 곡물, 견과류, 씨앗, 식물성 기름, 우유, 달걀을 비롯한 다양한 과일과 채소에 포함되어 있다.

피부가 왜 노화되는지 되짚어 나가면 산화 과정, 즉 어떤 물질이 산소와 반응하는 과정을 만나게 된다. 햇빛, 담배 연기, 대기 오염에 시달린 피부에 활성산소가 생겨 피부에 손상을 입히고 노화를 일으킨다.

화학적 차원에서 인체를 이해하기 위해서는 단백질을 살펴보는 것도 좋다. 단백질은 탄소, 산소, 질소로 만들어진 분자들의 거대한 복합체이다. 가끔 황 원자가 포함되기도 하지만 대부분의 단백질은 세 가지 원소로만 구성된다.

화학자인 내 눈에는 단백질의 독특한 분자 구조가 특히 매력적으로 느껴진다. 단백질의 분자 구조가 특정한 방식으로 접히는 원인은 지금까지도 과학이 풀지 못한 수수께끼다. 화학자들에게도 단백질의 분자 구조가 어떤 방식으로 접힐지 예측하는 것은 매우 어려운 일이다. 접히는 방식은 기능에 영향을 미치는데, 체내 단백질 구조는 섭씨 39도부터 변형될 수 있다. 따라서 고열에 시달리다 보면 되돌릴 수 없는 문제가 생겨 단백질이 신체에 필수적인 기능을 잃는 경우도 생긴다.

단백질의 주요 기능 중 하나는 세포 내에서 일어나지 않거나 매우 오래 지속되는 화학반응을 일으키는 것이다. 특정 유형의 단백질인 효소가 이 역할을 수행한다. 효소는 소비되지 않고도 화학반응에 참여할 수 있는 능력을 가지고 있다. 이러한 물질을 화학에서는 '촉매'라고 부른다.

1장에서 언급한 바와 같이 단백질은 아미노산 분자로 이루어져 있다. 인체에는 21가지 아미노산이 존재하며 각각 구조와 기능이 다르다. 글리신glycine과 글루타민glutamine 등은 신경계의 전달물질로

21가지 필수 아미노산

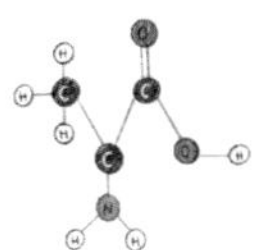

알라닌

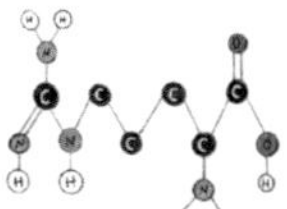

아르지닌 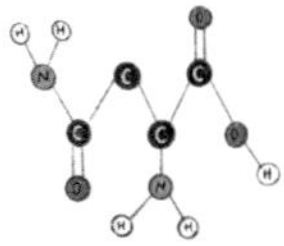　　아스파라진 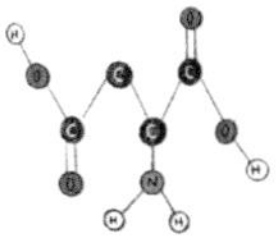　　아스파트산 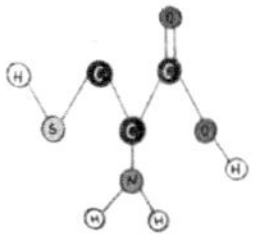　　시스테인

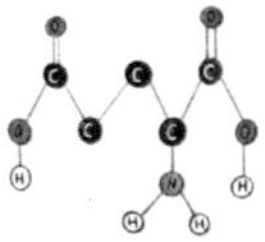

글루탐산 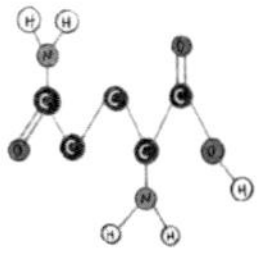　　글루타민 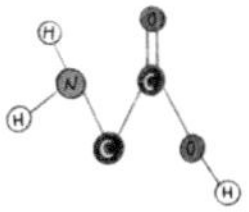　　글리신 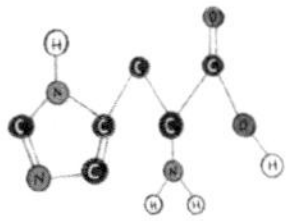　　히스티딘

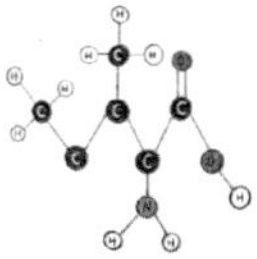

아이소류신 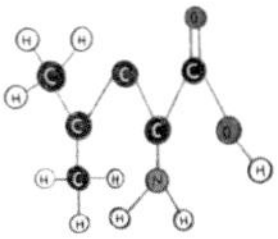　　류신 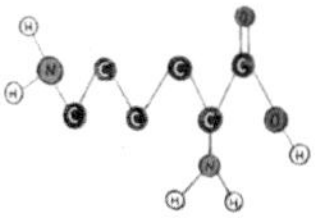　　리신 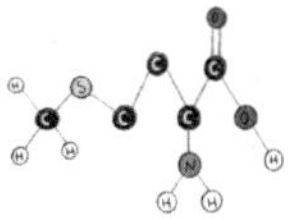　　메티오닌

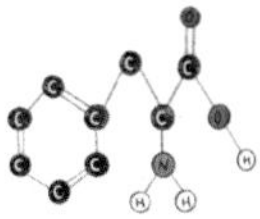

페닐알라닌 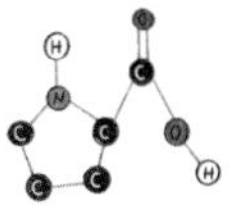　　프롤린 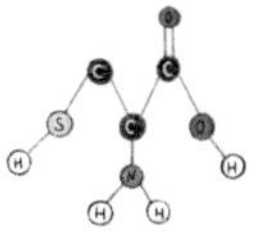　　셀레노시스테인 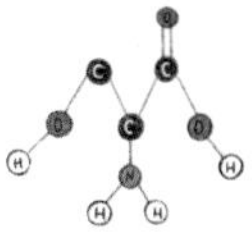　　세린

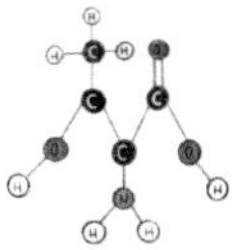

트레오닌 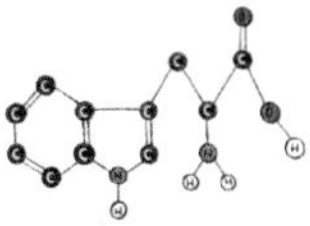　　트립토판 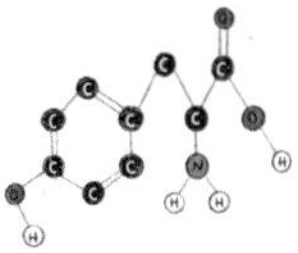　　타이로신 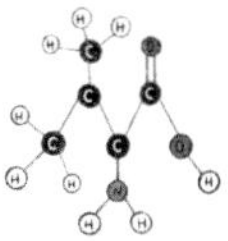　　발린

쓰인다. 리신lysine과 메티오닌methionine은 지방 운반을 담당하는 카니틴carnitine이라는 화합물을 만든다. 체내에 카니틴이 너무 적으면 신체 에너지가 부족해지고 뇌의 성능이 저하된다.

시스테인cysteine은 우리의 머리카락에서 찾을 수 있다. 누군가의 머리카락에는 더 많이 들어 있고, 또 다른 누군가의 머리카락에는 적게 들어 있다. 어렸을 때 나는 왜 내 머리카락이 곱슬곱슬한지, 다른 아이들의 머리카락은 어째서 그렇지 않은지 늘 궁금했다. 이제는 그 이유가 매우 단순하다는 사실을 잘 안다. 시스테인 때문이다. 이 아미노산은 황과 수소 원자의 결합을 포함하고 있다. 두 개의 시스테인 분자가 서로 가까워지면 황과 결합되어 있던 수소 원자가 분리되고 주변에 있던 황 원자들이 새롭게 결합한다. 바로 이 결합이 곱슬머리를 만든다.

곱슬머리 결합은 쉽게 풀어진다. 매직 스트레이트기를 사용해 본 사람이라면 누구나 아는 사실이다. 황 원자의 결합은 섭씨 80도에 이르면 풀린다. 문제는 이 변화가 얼마 가지 못한다는 것이다. 몇 시간이 지나면 두 개의 시스테인이 재결합해 머리카락에 또다시 굴곡을 만든다. 머리카락을 더 오랫동안 곧게 펴는 방법은 화학제품인 스트레이트 크림을 사용하는 것이다. 머리카락이 다시 자랄 때까지는 확실히 곧게 펴지도록 만들 수 있다. 하지만 이 방법은 머리카락에 상당한 스트레스를 준다. 곱슬머리를 그대로 두는 편이 더 나을

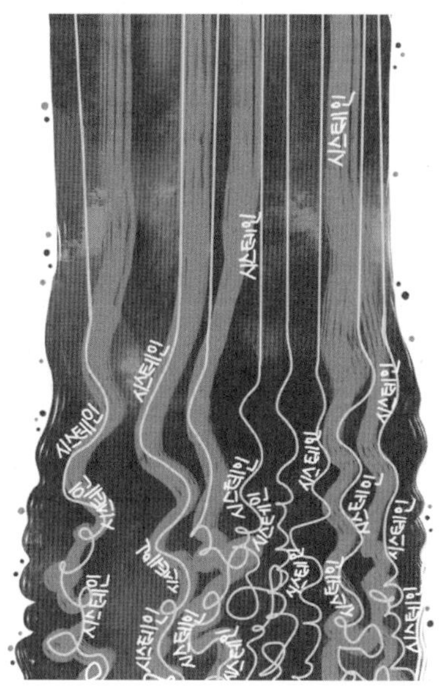

지도 모른다.

머리카락에 대한 말이 나온 김에 사람마다 머리카락 색이 다른 이유도 짚고 넘어가 보자. 해답은 역시 화학에 있다. 머리카락의 색깔은 두 가지 색소의 경쟁에 따라 결정되는데, 두 색소 모두 고분자물질(작은 분자들로 구성된 분자량 1만 이상의 거대 분자—옮긴이)인 멜라닌melanin의 친척이다. 멜라닌은 인간의 머리카락과 피부색, 동물의 깃털이나 털의 색을 결정한다. 멜라닌세포(멜라노사이트melanocyte)라고 불리는 두피 속의 특정 세포가 만드는 유멜라닌eumelanin(흑갈색 머리)과 페오멜라닌pheomelanin(금발 또는 붉은색 머리)이라는 색소들은 머리카락이 자라는 동안 그 속에 쌓인다. 머리카락 색이 어두울수록 유멜라닌이 우세한 것이고, 밝을수록 페오멜라닌이 우세한 것이다.[16]

또한 인체는 질병으로부터 스스로를 보호하기 위해 온갖 화학반응을 활용한다. 대표적인 예로 침을 들 수 있다. 구강 내 침샘에서는 하루에 평균 0.5리터의 침이 생성된다. 침은 점막을 촉촉하게 유지하고 소화를 도울 뿐만 아니라 치아 손상을 줄이기 위한 보수용 혼합물까지 함유하고 있다. 1리터의 침에는 칼슘 이온 120밀리그램과 인산염 14그램이 들어 있다. 침은 pH 6.8로 거의 중성을 띠고 있다. 이로써 침은 치아의 에나멜질에 칼슘과 인산염을 공급하기에 적합한 환경을 만든다.[17]

방금 pH라는 화학용어와 마주쳤는데, 제법 널리 쓰이는 용어지만 대부분의 사람들은 pH값의 정확한 의미가 무엇인지 잘 모른다. 이 값은 수용액이 산성인지 염기성인지를 나타내는 수치다. pH 7은 중간값이며 순수한 물이 여기에 해당한다. pH 7 미만인 용액은 산성을 띤다. 위산의 pH는 1~1.5이고 피부 표면의 pH는 5.5이다. 피부의 산성 보호막은 병원균의 침입을 막아 준다. pH값이 중성인 세제를 쓰면 피부의 자연적인 산성을 유지하는 데 도움이 된다. pH 7보다 값이 큰 용액은 염기성을 띤다. 혈액은 pH 7.4이고 췌장에서 분비되는 이자액은 pH 8.3이다.[18]

손 씻기로 목숨을 구하다

많은 사람들이 음식 속의 인공 화학물질에 거부감을 느끼지만, 대다수의 사람들이 몸을 관리하고 꾸미는 데 화학물질을 이용한다. 비누, 탈취제, 샴푸를 사용하지 않는 사람은 거의 없다. 화장품, 치약, 매니큐어 또한 화학이 만들어 낸 경이로운 제품이다.

비누에 대해 잠깐 이야기해 보자. 대부분의 현대인은 식사하기 전이나 화장실에 다녀온 후에는 당연히 손을 씻어야 한다고 생각한다. 하지만 19세기 중반까지만 해도 의사들조차 손을 잘 씻지 않았다. 1840년대에 오스트리아 빈에서 활동했던 헝가리 출신의 의사 이그나즈 제멜바이스Ignaz Semmelweiss는 산욕열이 의사들의 위생 불량 때문에 발생하는 것일지도 모른다고 지적했다가 동료 의사들에게 조롱과 비난을 받았다.

당시에 의료인들은 하루에도 몇 번씩 손을 씻거나 소독하는 것은 시간 낭비라고 여겼다. 그러나 제멜바이스는 의심을 거둘 수 없었다. 그는 의사들이 시신을 해부한 뒤 임산부와 신생아에 접촉하기 때문에 감염이 일어났을 것이라고 추측했다. 제멜바이스는 병원 의료진의 위생 관행과 신생아 사망 사이의 연관성에 대한 기록을 작성했다. 이는 오스트리아에 근거 기반 의학이 적용된 첫 사례로서, 의료진이 위생 조치를 엄격하게 따를 때 신생아의 생존 가능성이 높아진다는 사실을 증명했다. 제멜바이스는 자신의 획기적인 발견을 생전에 인정받지 못했지만 손을 씻고 소독하는 습관은 시간이 흐름에 따라 널리 퍼지게 되었다.

의료 종사자의 위생 수준은 높아졌지만 우리의 손 씻기 습관에는 아직 아쉬운 점이 많다. 감기나 위염처럼 흔히 발생하는 감염병은 종종 손이 미생물을 운반한 탓에 일어나곤 한다. 영국의 한 연구팀이 2019년 국제 학술지 《란셋 감염병》Lancet Infectious Diseases에 발표한 대규모 연구에 따르면 손은 때때로 위험한 매개체가 된다. 연구진은 화학물질에 내성을 지닌 대장균이 어떻게 전파되는지를 조사

했고 씻지 않은 손이 오염된 식품보다 대장균 감염률을 더 크게 높일 수 있다는 것을 밝혀냈다.[19]

대장균은 사람과 동물의 장 안에 사는 균으로 중요한 신체 활동에 관여한다. 그러나 대장균의 많은 변종은 여러 전염병의 대표적인 원인 중 하나다. 3장에서 관련 문제를 더 자세히 살펴볼 예정인데, 이 박테리아는 지난 20년 동안 항생제에 대한 내성을 강화해 왔다. 허약한 환자들이 특히 위험해질 수 있다는 의미다. 혈액 감염을 일으킬 수 있는 항생제 내성 대장균이 음식을 통해 체내에 들어갈 확률이 높은지, 아니면 사람을 통해 전염될 확률이 높은지는 오랫동안 불분명했다.

과학자들은 감염자의 혈액, 인간과 동물의 배설물, 날고기, 과일, 채소 등 다양한 곳에서 항생제 내성 대장균 변종을 채집하고 유전물질을 추출해 해독했다. 밝혀진 바와 같이, 감염자의 혈액에서 나온 박테리아의 유전자는 동물의 배설물이나 음식에서 나온 것보다 인간의 배설물에서 나온 박테리아의 유전자와 훨씬 더 자주 일치했다. 따라서 병균이 전파된 일반적인 경로는 문자 그대로 명백하다. 화장실을 사용한 후 위생적인 처리를 제대로 하지 않았다는 뜻이다.

오스트리아의 한 위생용품 제조업체가 2019년에 발표한 조사 결과는 이 점을 수치로 입증한다. 화장실에 다녀온 사람들이 세정제를 사용했는지 익명으로 기록해 보니 역겨운 결과가 나왔다. 사람들이 화장실을 방문한 횟수는 7만 8,200번이었는데, 세정제 사용 횟수는 4만 7,700번에 불과했다.[20]

오염물질뿐 아니라 병원균까지 효과적으로 제거하기 위해서는 규칙적인 손 씻기가 필수다. 바른 방법으로 씻는 것도 중요하다. 전문가들은 손을 잘 문지른 뒤 흐르는 물로 20~30초 동안 씻는 것을 권장한다. 세균은 습한 환경을 좋아하니 씻고 나면 잘 말려야 한다.

비누는 인간이 만들어 낸 세제 가운데 가장 오래된 물건이다. 최초의 비누는 놀랍게도 지방으로 제작되었다. 사람들은 약 5,000년 동안 화학적 방법을 이용해 지방으로 비누를 만들어 왔다.[21] 오늘날에는 보통 수산화나트륨을 사용한다. 약국에서 구할 수 있는 재료다. 수산화나트륨에 기름을 섞으면 부엌에서도 쉽게 비누를 만들 수 있다. 만약 직접 만들어 보고 싶다면 제작 방법을 단계별로 보여 주는 수많은 인터넷 동영상을 참고하면 된다.

각 비누의 특성은 어떤 기름이 쓰였느냐에 따라 달라진다. 코코넛오일이나 야자유처럼 탄화수소 사슬이 짧은 지방을 사용하면 세척력은 높지만 피부에는 상당히 자극적인 비누가 만들어진다. 반면 사슬이 긴 지방으로 만든 비누는 피부를 손상시키지 않지만, 따뜻하게 데워야만 제대로 된 세척효과를 낸다.[22]

비누 속에서 세척을 담당하는 물질은 계면활성제다. 69쪽 분자 구조를 보면 알 수 있듯이, 이 물질은 우리가 앞서 다루었던 지방산이

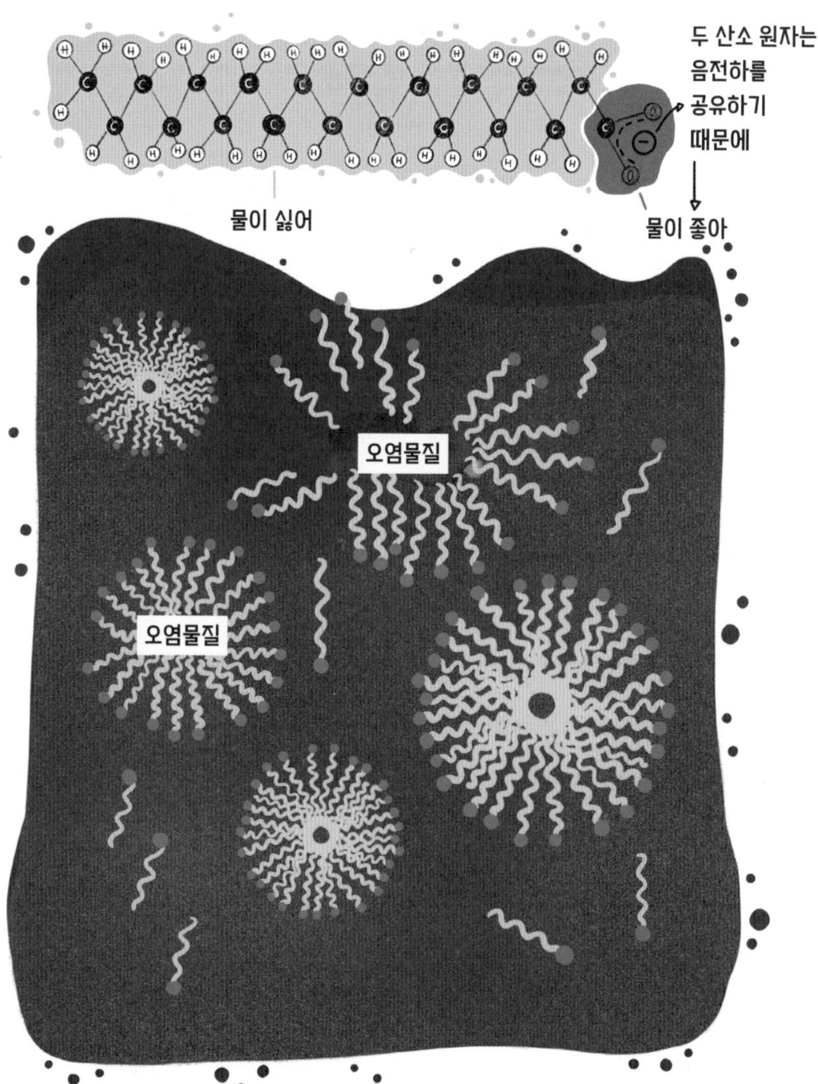

두 산소 원자는
음전하를
공유하기
때문에
물이 싫어
물이 좋아
오염물질
오염물질

다. 일반적인 지방산과의 차이점은 계면활성제의 길이가 더 길고, 물을 무서워하는 긴 꼬리와 물을 좋아하는 작은 머리를 가지고 있다는 점이다.

계면활성제는 물을 만나면 어떤 물 분자와도 닿지 않으려고 항상 꼬리를 움츠린다. 그러다 물속을 떠도는 오염물질과 마주치면 곧바로 꼬리로 감싸서 세탁물이나 손과 다시 접촉하지 못하게 막는다.

지금 이 순간에도 화학자들은 위생용품이나 세제에 사용할 만한 새로운 화합물을 개발하기 위해 끊임없이 노력하고 있다. 내가 특히 인상 깊게 본 연구는 지난 몇 년 동안 아프리카의 빌&멀린다 게이츠 재단에서 지원을 받았던 프로젝트로, 화장실에 대한 연구다. 질병을 예방하고 감염의 위험을 줄이려면 가능한 많은 사람이 위생시설을 이용해야 한다. 모두 경험한 적이 있겠지만 화장실에서 수상한 냄새가 나면 들어가기가 싫어진다. 게이츠 재단은 이 장벽을 허물고자 2013년에 스위스의 향료 및 향수 제조업체인 피르메니치Firmenich를 지원해 화장실의 악취를 중화시킬 수 있는 향을 찾는 프로젝트에 돌입했다.[23]

우선 해야 할 일은 화장실에서 나는 냄새를 분석하는 것이었다. 연구원들은 수많은 공중화장실을 드나들며 냄새 샘플을 채취하고 화학센서를 설치했다. 제의를 받아 일부 샘플의 냄새를 직접 맡아 보니 질겁할 정도로 역겨웠다. 배설물의 냄새는 다양한 물질의 복잡

한 혼합물이고 구성물질이 어떻든 간에 우리가 느끼기에는 극도로 혐오스럽다. 배설물을 분석하던 중 나는 북아메리카의 화장실에서 채취한 샘플이 아프리카의 화장실에서 채취한 샘플보다 훨씬 더 심한 악취를 풍긴다는 사실을 알아챘다. 아마 미국에서 가공식품이 많이 소비된다는 사실과 관련이 있을 것이다.

프로젝트의 다음 단계는 배설물 냄새를 상쇄할 수 있는 '대응 냄새'를 찾는 일이었다. 냄새로 뇌를 속이기는 놀랍도록 쉽다. 화장실에서 좋은 냄새가 나면 사람들은 매우 더럽더라도 그곳을 이용한다. 물론 위험요소는 있다. 후각은 악취를 감지해 위험한 박테리아를 피할 수 있도록 경고를 보내 주기 때문이다. 하지만 나는 이 프로젝트가 화학의 힘을 보여 주는 좋은 사례라고 생각한다. 화학을 이용해 배설물의 악취를 만들어 내는 성분을 분석하고 화학을 통해 대응책을 찾아내면 결국 뇌는 속아 넘어간다.

화장실 냄새 개선 프로젝트는 더 많은 사람에게 깨끗하고 안전한 위생시설을 제공하기 위해 게이츠 재단이 기울인 수많은 노력 중 하나에 불과하다. 세계의 일부 지역에서는 공중 위생시설의 부족 때문에 특히 어린이들이 위생 문제를 겪고 질병에 시달린다. 흐르는 물과 바로 연결할 필요가 없고, 태양열 에너지로 작동하며, 화학적인 소독 과정을 거쳐 악취가 중화되는 새로운 화장실 시스템은 세계의 보건 수준을 높이는 데 크게 기여할 것이다.

사망 사건의 범인은 인조 손톱

화장품 산업이 개발한 매니큐어와 인조 손톱은 화학자로서 손대고 싶지 않은 발명품이다. 매니큐어는 주로 질산 섬유소라고도 불리는 나이트로셀룰로스nitrocellulose, 용제, 착색 안료, 연화제, 광택제로 구성된다. 나이트로셀룰로스는 폭발성 물질이지만 섭씨 3,000도가 되어야 폭발하기 때문에 손톱에 사용하는 데에는 문제가 없다.

그보다 비판적으로 바라보아야 할 성분은 매니큐어가 손톱 위에서 잘 굳게 하는 물질인 폼알데하이드formaldehyde다. 폼알데하이드는 매니큐어를 단 하루만 바르더라도 알레르기를 일으키고 피부를 자극하며 암을 유발한다는 의혹을 받고 있다. 유럽 화학물질청ECHA은 규정에 따라 이 물질을 인체에 암을 일으킬 수 있는 물질로 분류했다.[24] 게다가 나이트로사민nitrosamine은 유럽연합이 지정한 금지 성분인데 매니큐어에서는 흔히 검출된다.[25] 일부 성분이 유해하다는 점과 별개로 손톱 위의 매니큐어는 수분과 지방분의 자연스러운 조절을 방해한다는 점에서도 문제가 있다.

아무리 화려한 손톱을 갖고 싶다 해도 인조 손톱은 그리 추천할 만한 대안이 아니다. 불꽃에 닿으면 인조 손톱은 1초도 안 되어 타버릴 것이다.[26] 불보다 훨씬 더 위험한 것은 손톱 아래의 미생물이다. 이미 언급했다시피 손에는 미생물이 많고, 그중 5분의 4 정도가 손톱 아래에 있다. 대부분은 인체에 무해하지만 몇몇 박테리아, 효모, 곰팡이는 심각한 문제를 일으킬 수 있다. 손톱이 길수록 문제는 악화된다. 특히 의사를 비롯한 의료진이 인조 손톱을 붙였을 경우 전염병에 감염될 위험이 있다.

2004년 미국의 한 중환자실에 있던 조산아들이 폐렴을 포함해 여러 감염병을 일으킬 수 있는 폐렴 간균klebsiella pneumoniae에 감염되

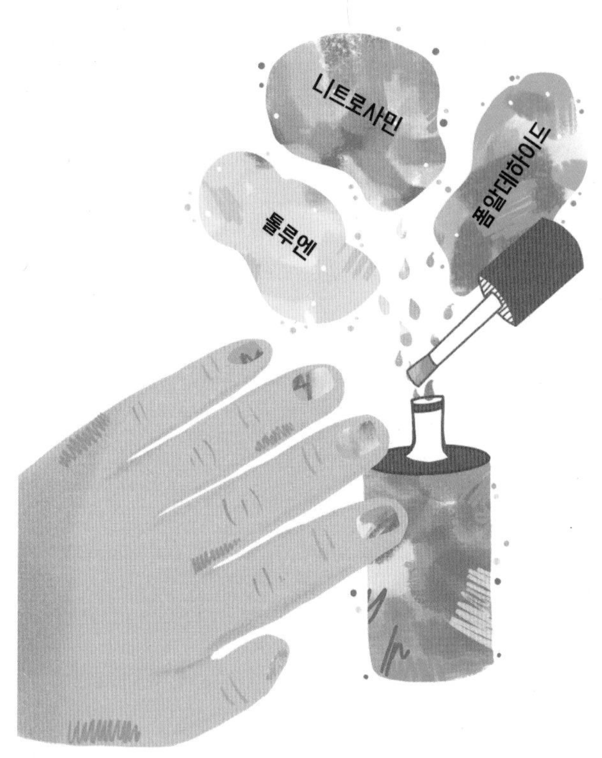

었다. 알고 보니 간호사가 붙인 인조 손톱 아래에 있던 박테리아가 퍼진 것이었다. 몇 년 전에는 미국 오클라호마 시티에서 16명의 환자가 녹농균pseudomonas aeruginosa에 감염되어 사망했다. 이 사건에서도 원인은 두 간호사의 손톱이었다.[27]

물론 이 사건들은 극단적인 예다. 일반적으로는 매니큐어와 인조 손톱이 그 정도로 치명적인 문제를 일으키지는 않는다. 그러니 손톱 문제는 각자의 선택에 맡겨야 한다. 하지만 나는 일반 쓰레기가 아니라 유해 폐기물로 별도 처리해야 할 물질을 내 손톱 위에 바르고 싶지는 않다.

제3장

의약과 화학

인간의 고통을 줄이기 위한 긴 여정

우리 중 대부분은 화학 연구가 아니었다면 이미 오래전에 목숨을 잃었을 것이다. 화학이 인류의 복지를 위해서 한 가장 큰 공헌은 의심할 여지 없이 의약품 개발이다. 과거였다면 사망 선고를 받았을 사람들이 효과적인 약물 덕분에 치료받을 수 있었다는 사실을 명심하자. 최근 몇십 년 동안 인간의 기대 수명이 크게 증가한 것은 주로 화학자들의 발견과 화학 연구의 발전 덕분이다.

화학을 통해 인체의 질병을 치료하는 데 쓰이는 분자 구조를 정확히 파악할 수 있다는 것도 놀라운 일이다. 특히 지난 100년 동안 화학은 인간의 생명을 구하는 다양한 길을 열었다. 새로운 약품을 개발했고, 암을 치료하는 방사선 요법을 고안했으며, 마취제를 생산했고, 인체에 사용 가능한 신물질을 합성했다.

신약 개발은 기본적으로 단백질에 관한 작업이다. 우리가 먹는 알약은 특정한 단백질의 기능을 차단하거나 변화시키기 위해 고안된 것이다. 화학자들이 하는 일은 단백질의 구조를 관찰하고 그 구조에

맞는 분자를 찾는 것이다. 오랫동안 나를 포함해 많은 화학자들은 자물쇠와 열쇠 모델을 따랐다. 기능을 멈추거나 바꾸려 하는 단백질을 일종의 자물쇠라고 가정하고, 그 자물쇠의 열쇠가 될 분자를 찾는 연구를 진행했다.

지난 10년 동안 화학자들은 이 과정이 지나치게 정적인 모델이라는 사실을 깨달았다. 분자는 우리가 생각하는 것보다 더 유연하고, 끊임없이 변화한다. 그 때문에 한 분자의 열쇠가 전혀 다른 자물쇠에 들어맞는 일도 생긴다. 오늘날 화학반응이 일어나는 성분을 찾는 데 사용하는 원리는 '유도적합induced-fit 모델'이라고 불린다. 단백질 구조에 적응해 변화하는 분자의 성질을 이용해 적합한 물질을 찾는 것이다. 하지만 자물쇠와 열쇠 모델이 훨씬 명확하기 때문에 나는 앞으로도 이 모델을 활용하고자 한다. 직관적인 모델로 어려운 문제를 쉽게 다룰 수 있다는 건 분명 좋은 일이다. 다만 현실과 혼동하지는 말자.

필요한 활성물질을 찾는 기본 원리는 모델이 어떻든 동일하다. 누군가가 통증에 시달리고 있다면 고통을 일으키는 단백질을 차단하는 물질을 찾는다. 누군가의 콜레스테롤 수치가 너무 높다면 콜레스테롤을 생산하는 단백질의 활동을 막는 물질을 찾는다. 약품이 병의 원인을 없애지 못하고 증상만을 치료하는 이유는 이러한 흐름에 따라 개발되기 때문이다.

나는 어린 시절부터 약의 효과에 관심이 많았다. 의사였던 아버지는 나와 내 형제들에게 약에 대한 이야기를 많이 들려 주셨다. 아버지는 꼭 필요할 때만 약을 복용해야 한다고 늘 강조하셨고 나는 지금까지 그 말씀을 지키는 중이다. 우리가 잔병치레를 할 때면 아버지는 약효가 전혀 없는 설탕 알갱이를 처방해 주시곤 했는데, 우리는 그것이 약이라고 굳게 믿었기 때문에 설탕 알갱이는 늘 약효를 발휘했다. 화학으로는 위약 효과를 설명할 수 없지만 실제로 효과가 있다는 점이 과학적으로 분명히 입증되었다.

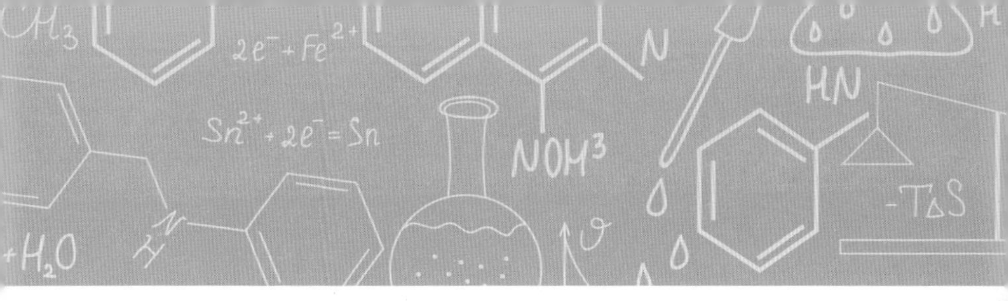

약효가 있는 물질에 대한 이야기로 다시 돌아가자. 그러한 물질을 찾을 때 가장 중요한 영감을 주는 원천은 식물, 동물, 곰팡이에서 자연적으로 생겨나는 이른바 자연물질이다. 나무껍질에서 만들어지는 특별한 분자 화합물, 수세기 동안 민간의학에 사용된 꽃과 약초의 성분, 바닷속 깊은 곳에 사는 해면동물이 생성하는 물질이 그 예다. 그렇다면 의료 화학과 본초학은 무엇이 다를까?

두 분야에서 다루는 재료는 거의 비슷하지만 방법론적인 차이가 있다. 전통 의학을 다루는 사람들은 어떤 나무껍질에 항염효과가 있다는 소문만 들어도 만족했다. 효능에 대한 명확한 설명도 없고 복용량에 대한 정확한 지침도 없었지만, 약초를 다루는 법은 대대로 전해져 내려왔다. 그래서 특정한 처방을 정확하게 재현할 수는 없다. 같은 종에 속한다 해도 서로 다른 나무라면 껍질 또한 서로 다를 테고, 껍질에서 얻은 물질 역시 완벽하게 일치하지 않을 것이다. 간단히 말하면 당시의 처방이란 이런저런 약초를 섞어 마시고 효과가 니티니기를 바라는 것이었다.

의료 화학에서는 다른 접근법을 취한다. 신약을 만들 때는 약품 속 물질이 분자 수준에서 어떻게 작용하는지를 먼저 이해한다. 활성 성분의 구조를 파악하고 그 성분이 체내에서 어떤 활동을 하는지도 알아낸다. 이 같은 화학적인 이해를 바탕으로 활성성분의 필요량을 정확하게 결정한다. 임상 실험을 거쳐 충분한 수의 환자를 대상으로 재현 가능한 효능을 입증하고 과도한 부작용을 일으키지 않는다는 것을 증명해야만 비로소 의약품으로 승인받는다.

신약을 시중에 내놓으려면 수년간의 연구가 필요하다. 연구를 시작해 약국에서 약품이 팔리기까지는 보통 10~12년이 걸린다. 많은 사람이 제약업계를 의심의 눈초리로 바라보며 오로지 이익만을 탐하는 집단이라 여긴다. 부분적으로는 그럴 수 있지만, 사실 제약업계는 질병을 치료할 수 있는 새로운 물질을 발견해 인간의 고통을 줄인다는 숭고한 목표를 추구하고 있다. 이 목표를 달성하는 데에는

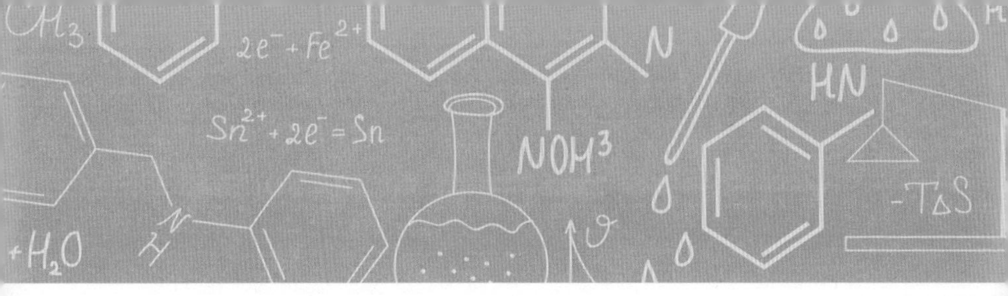

불행히도 많은 돈이 든다. 시험관 시험, 동물 실험, 최종 단계의 임상 실험 등 넘어야 할 장애물도 많다. 연구 대상이었던 수백만 가지의 물질 중에서 오직 한 가지만이 판매 가능한 의약품으로 인정을 받아 약국에 도달한다. 다른 모든 물질은 아무리 많은 연구와 돈이 투입되었더라도 개발 과정에서 버려진다. 2016년 미국 연구진이 실시한 연구에 따르면, 미국 식품의약국FDA의 승인을 받기 위해 신약을 개발하는 데 드는 평균 비용은 약 25억 달러라고 한다.[28]

수많은 생명을 구한 곰팡이, 페니실린의 탄생

수많은 생명을 구해 온 의료 화학 중에서 특히 중요한 분야는 항생제 연구다. 100년 전만 하더라도 박테리아 감염은 곧 사형 선고와도 같았다. 하지만 오늘날에는 페니실린과 그 친척 격인 물질들 덕분에 수많은 질병을 치료할 수 있게 되었다. 최근 수십 년에 걸쳐 의약품 개발 분야는 큰 성공을 거두었지만, 앞으로도 꾸준히 그러하리라고 장담할 수는 없다. 박테리아가 치료제에 적응해 내성을 키우고 있기 때문이다. 이러한 박테리아를 '내성 박테리아'라고 부른다. 가까운 미래에 인류가 맞닥뜨려야 할 가장 큰 도전이 될지도 모를 내성 박테리아 문제를 다루기 전에, 우선 과거를 되돌아보자.

1928년 런던 세인트메리 병원의 세균학자 알렉산더 플레밍Alexander Fleming은 유리 접시에 포도알균이라는 박테리아를 배양하기 시작했다. 여름이 다가오자 플레밍은 휴가를 떠났고 자신이 한 일을 잊어버렸다. 병원으로 돌아온 그는 접시에 핀 곰팡이를 발견했는데, 곰팡이 주변에는 포도알균이 증식하지 않았다.

플레밍은 이 곰팡이에 페니실륨penicillium이라는 이름을 붙였다. 그리고 페니실륨이 수많은 박테리아를 죽일 수 있으며 동물과 인간 모두에게 독성이 없다는 사실을 증명했다. 그로부터 10년 후 생화학자 언스트 보리스 체인Ernst Boris Chain, 하워드 플로리Howard Florey, 노먼

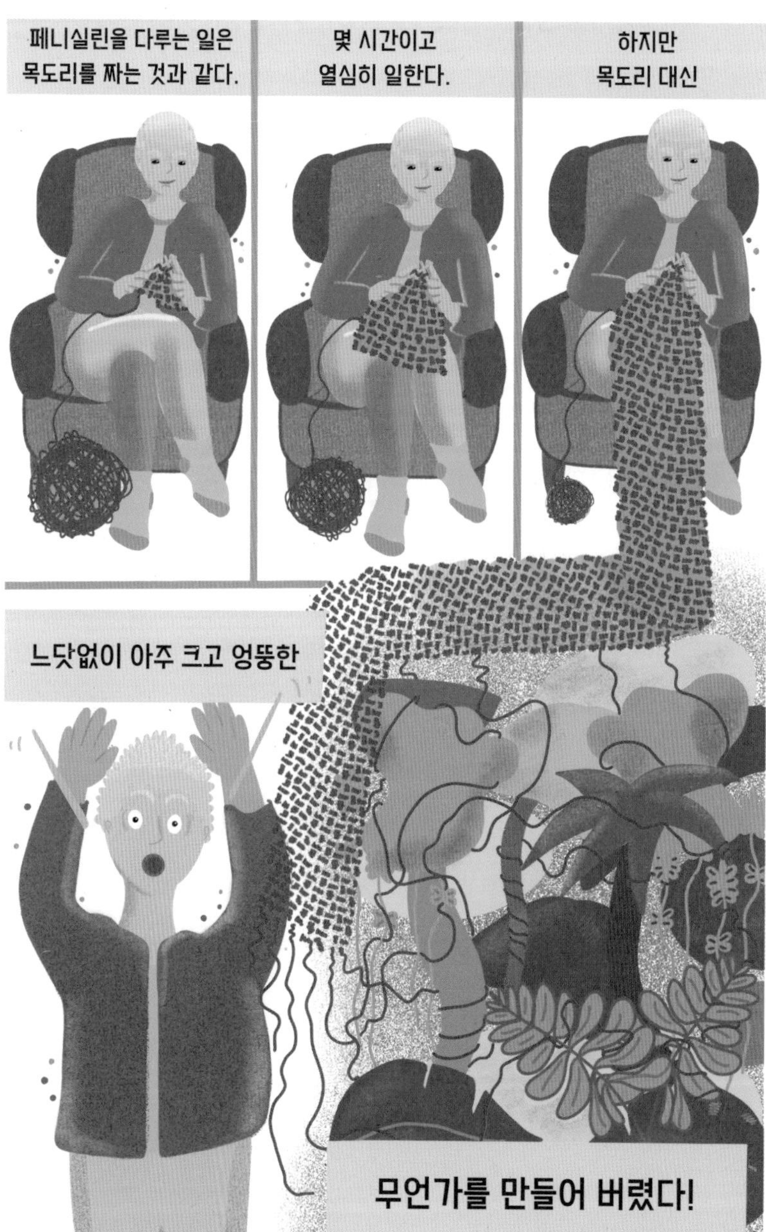
페니실린을 다루는 일은
목도리를 짜는 것과 같다.
몇 시간이고
열심히 일한다.
하지만
목도리 대신
느닷없이 아주 크고 엉뚱한
무언가를 만들어 버렸다!

히틀리Norman Heatley가 박테리아를 죽이는 활성성분인 페니실린penicillin을 추출하는 데 성공했다.

페니실린은 박테리아가 새로운 세포벽을 생성하지 못하게 하여 박테리아의 분열을 방해한다. 이후 연구원들은 쥐를 대상으로 효과를 실험했고, 1941년에는 최초로 인간의 치료에 페니실린을 이용했다. 1940년대에는 페니실린의 생산이 점점 증가해 모든 약국에서 구할 수 있을 정도가 되었다.

항생제가 발견되기 전에는 아주 가벼운 상처로 인한 감염, 폐렴, 매독 같은 박테리아성 질병 때문에 수많은 사람이 목숨을 잃었다. 페니실린과 그 이후에 개발된 의약품은 인간의 기대 수명을 해마다 크게 증가시켰다.

페니실린의 화학 구조가 밝혀지는 데에는 다소 시간이 걸렸다. 수십 년 동안 많은 화학자가 페니실린의 원자들이 어떻게 배열되는지에 대한 가설을 내놓았지만 모두 암흑 속에서 앞을 더듬거리는 처지였다. 20세기 중반에 방사선 분석이라는 신기술이 개발되고 나서야 비로소 수수께끼를 풀 수 있게 되었다.

생화학자이자 후에 노벨상을 받은 도러시 크로풋 호지킨Dorothy Crowfoot Hodgkin은 1945년에 페니실린의 화학 구조를 처음으로 밝혀냈는데, 이는 과학자들에게 엄청난 충격을 안겨 주었다. 페니실린의 원자 배열 한가운데의 네 개 원자로 이루어진 고리가 매우 독특한

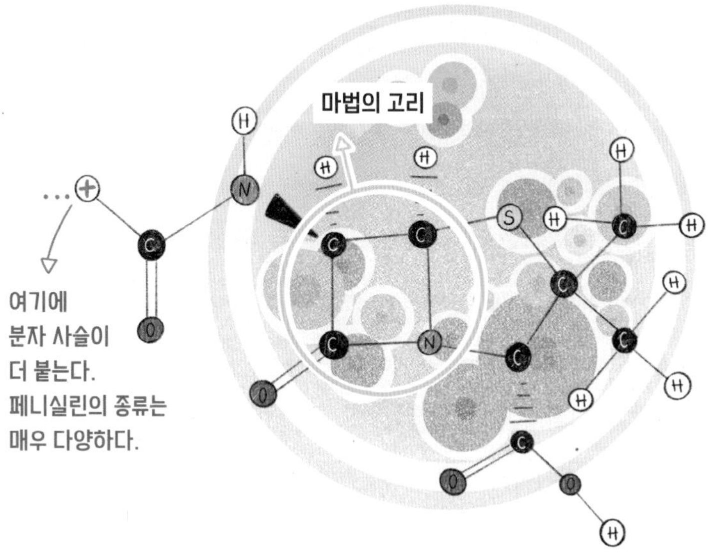

구조였기 때문이다. 이 고리는 '마법의 고리'라는 별명으로도 알려져 있다.

페니실린의 발견이 의학의 역사에서 가장 중요한 돌파구 중 하나라는 말은 과언이 아니다. 이 정도의 발견이 순전히 우연의 일치 덕분에 가능했다는 사실이 놀라울 따름이다. 새로운 활성물질을 발견하는 데에는 우연이 중요한 역할을 할 때가 많다. 퀴닌의 발견도 그러한 경우다.

예방 주사 대신 예방 칵테일을

퀴닌quinine은 내가 특별히 아끼는 물질로, 기나나무의 껍질에서 발견된 자연물질이다. 1638년 스페인이 남아메리카를 점령했던 시기에 친촌Chinchon 백작 부인이 말라리아로 앓아눕게 되면서 유명해졌다. 원주민들은 기나나무 껍질을 삶은 물이 말라리아 치료제라는 사실을 이미 알고 있었다. 그 물에는 몸의 열을 내리는 효과도 있었다. 백작 부인은 기나나무 껍질 요법으로 완치되었다고 한다.

많은 사람들이 같은 방식으로 치료를 받았고 결과는 대성공이었다. 자연물질을 가공하고 재생산해 질병을 치료한 최초의 사례라 할 수 있다. 하지만 치료 효과가 없는 경우도 있었기 때문에 실효성 논란이 벌어졌다. 기나나무 껍질 속에 들어 있는 활성물질이 무엇인지는 수세기 동안 정확히 알려지지 않았다. 19세기 초에야 발견된 이 물질은 바로 퀴닌이다.

당시 말라리아는 인도에 주둔한 영국군을 곤경에 빠뜨렸다. 말라리아 예방책으로 병사들은 소위 '토닉 워터'라고 불리는 퀴닌이 들어 있는 음료를 받았다. 설탕이 많이 들어 있음에도 불구하고 엄청나게 쓴맛이 났기 때문에 영국 측은 병사들에게 많이 마셔야 한다고 설득하느라 애를 써야 했다. 병사들이 토닉 워터를 마시도록 장려하기 위해 포스터 광고를 해 봤지만 큰 효과를 보지 못했다. 그러던 중

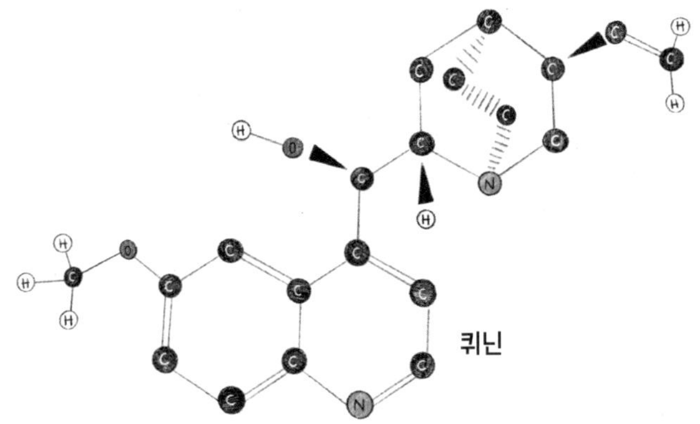

결국 해결책이 발견되었다. 병사들이 토닉 워터에 진을 섞기 시작한 것이다. 진토닉의 탄생이었다. 이 음료가 칵테일인지 음료수인지 하이볼인지 의견이 분분하지만, 진토닉은 여전히 전 세계에서 가장 인기 있는 알코올 혼합 음료 중 하나다. 심지어 영국 왕실에서도 대를 이어 매일 마신다고 한다.

나 또한 진토닉의 열렬한 팬이다. 물론 화학적 특성 때문이다. 토닉 워터의 퀴닌 함량은 200년 전보다 훨씬 낮아졌지만, 여전히 형광빛을 내뿜을 정도로 높다. 어둠 속의 진토닉 한 잔에 자외선을 비추면 음료가 푸르스름하게 빛난다. 다음번에 진토닉이 나오는 파티에 갈 일이 있다면 꼭 잊지 말고 이 빛을 확인하길 바란다.

나는 퀴닌이 누구나 인정할 만큼 매력적인 분자라고 생각한다. 내가 속한 연구팀은 연구 중에 변형된 퀴닌 분자를 발견했는데, 쥐를

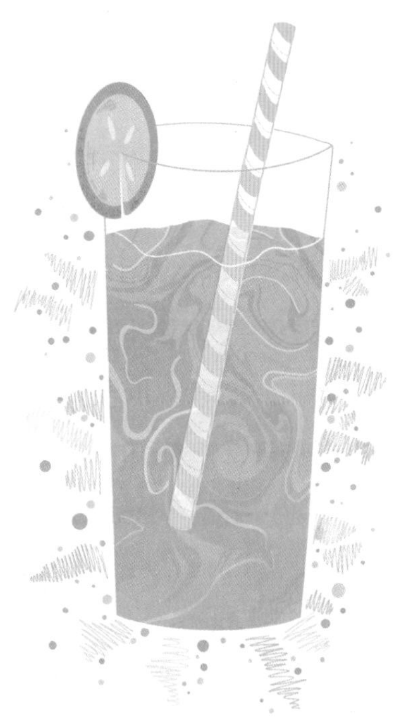

대상으로 실험해 보니 이 분자가 본래의 퀴닌보다 세 배나 더 말라리아에 강하다는 사실이 확인되었다.[29]

퀴닌은 1944년에 최초로 인공 합성되었다. 학생 시절부터 이 문제를 연구했던 화학자 로버트 번스 우드워드Robert Burns Woodward가 윌리엄 되링William Doering과 함께 문제의 돌파구를 마련했다.[30] 나에게 있어 우드워드는 20세기 최고의 유기화학자 중 한 명이다. 그는 30세가 채 되기도 전에 퀴닌을 합성하는 데 성공했다. 이로써 퀴닌은 〈뉴욕타임스〉의 1면에 실리게 되었다. 제2차 세계대전이 진행 중이었던 시기라 기나나무 껍질을 얻기가 매우 어려워져 병사들 사이에서 말라리아가 만연한 상황이었다. 그렇기에 미국인들이 퀴닌을 직접 생산할 수 있다는 것에는 매우 상징적인 의미가 있었다. 실험실에서 얻은 값진 승리였다.

퀴닌은 20세기까지 말라리아를 치료하는 가장 중요한 수단이었다. 기나나무 껍질이 인간 몸에서 말라리아 병원균을 제거하는 분자를 생산한다는 것은 주목할 만한 일이다. 말라리아는 말라리아 원충이라는 단세포 기생충이 일으키는 질병인데, 기나나무 자체는 이 기생충과 아무런 관련이 없다. 어쩌면 퀴닌은 해충으로부터 나무를 보호하는 수단일 수도 있다. 인간은 기나나무가 인간을 순수하게 사랑해서 의학적 효능을 가진 분자를 만들었다는 오만에 빠져서는 안 된다. 아마도 이 분자는 우리가 모르는 방식으로 나무에게 이롭거나, 순전히 우연의 일치로 만들어졌을 것이다.

한편 많은 말라리아 기생충들은 퀴닌에 내성이 생겨 치료 효과가 떨어지게 되었다. 다행히도 화학자들은 말라리아를 성공적으로 치료할 수 있는 다른 물질들을 발견했고, 이 물질들은 특히 발병 초기에 효과적이다.

하지만 말라리아는 여전히 세계에서 가장 흔한 전염병 중 하나다. 매년 약 2억 명이 이 병에 걸리고 주로 열대지방과 아열대지방 사람들이 피해를 입는다. 말라리아는 아이들의 목숨을 유독 빠르게 빼앗아 간다. 전 세계적으로 2분마다 어린이 한 명이 말라리아로 사망하는 것으로 추정된다. 연구원들은 말라리아 백신을 개발하기 위해 최선을 다하는 중이며, 현재 몇몇 백신 후보들이 임상 시험과 시범 사용 단계를 밟고 있다.[31]

약품 개발자의 슈퍼스타, 나무껍질

오늘날 우리에게 가장 잘 알려진 약품에 들어 있는 물질 또한 나무껍질에서 유래되었다. 바로 아세틸살리실산acetylsalicylic acid이다. 이 물질의 화학적 친척인 살리실산salicylic acid은 버드나무 껍질에서 만들어진다. 이 활성성분은 100년 전부터 판매되어 온 약품의 이름으로 더 유명할 것이다. 아스피린 말이다.

고대 그리스 의사인 코스섬의 히포크라테스Hippocrates(기원전 460~377년)도 통증 완화에 버드나무 껍질의 수액을 활용했고, 중세시대에도 통증이나 열을 가라앉히는 데 이 수액을 이용했다. 감기, 류머티즘, 통풍을 치료할 때 단풍터리풀이나 팬지 같은 식물을 사용하기도 했다. 이 식물들 또한 살리실산에서 추출한 활성성분을 함유하고 있다.[32]

아메리카 대륙이 발견된 이후 버드나무 껍질의 치유력은 점점 잊혀 갔다. 신세계에서 들어온 기나나무 껍질 추출물이 유럽에 대규모로 수입되어 해열제와 말라리아 치료제로 쓰였다. 19세기에 나폴레옹이 해상을 봉쇄하면서 상황이 바뀌었고, 버드나무는 르네상스를 맞이했다.

1828년 독일 약학 교수 요한 안드레아스 부흐너Johann Andreas Buchner는 버드나무의 껍질을 연구했다. 쓴맛이 나는 노란 결정체를 추출해 낸 그는 버드나무의 라틴어 명칭인 '살릭스'salix를 따서 이 물질에 살리신salicin이라는 이름을 붙였다. 몇 년 후 살리신을 통해 살리실산이 만들어졌고, 화학자 헤르만 콜베Hermann Kolbe가 1870년에 그 구조를 명확히 밝히는 데 성공했다. 그는 오늘날까지 사용되는 살리실산의 인공 합성 방법을 개발하기도 했다.[33]

살리실산은 효과적이었지만 이상적인 약이라고 보기는 어려웠다. 맛이 극도로 썼고, 많은 환자가 먹고 나면 위장이 불편해진다고 호소했다. 제약 회사 바이엘Bayer에 근무하던 아르투어 아이첸그륀Arthur Eichengrün과 펠릭스 호프만Felix Hoffmann이 마침내 해결책을 찾았다. 그들은 화학자들이 늘 사용해 왔던 매우 훌륭하지만 완벽하지는 않은 활성물질을 처리하는 방식을 취했다. 분자를 살짝 변형시킨 것이다. 염화아세틸acetyl chloride 처리를 통해 오늘날에도 여전히 환자들이 복용하는 활성물질인 아세틸살리실산을 개발했다. 이 물질은 살리실산과 같은 효과를 내면서도 인체에 훨씬 잘 받아들여진다. 1899년 바이엘은 베를린 제국특허청이 발행하는 아세틸살리실산 제조 및 사용 특허를 취득했다. 얼마 후에 이 제품은 아스피린이라는 제품으로 출시되었다.[34]

오늘날에는 체내에서 어떤 작용을 하는지 거의 알려지지 않은 약품이 승인되는 상황을 상상하기 어렵다. 연구자들이 자신의 몸을 실험 대상으로 삼아 활성성분을 테스트하던 시절도 과거가 되었다. 아

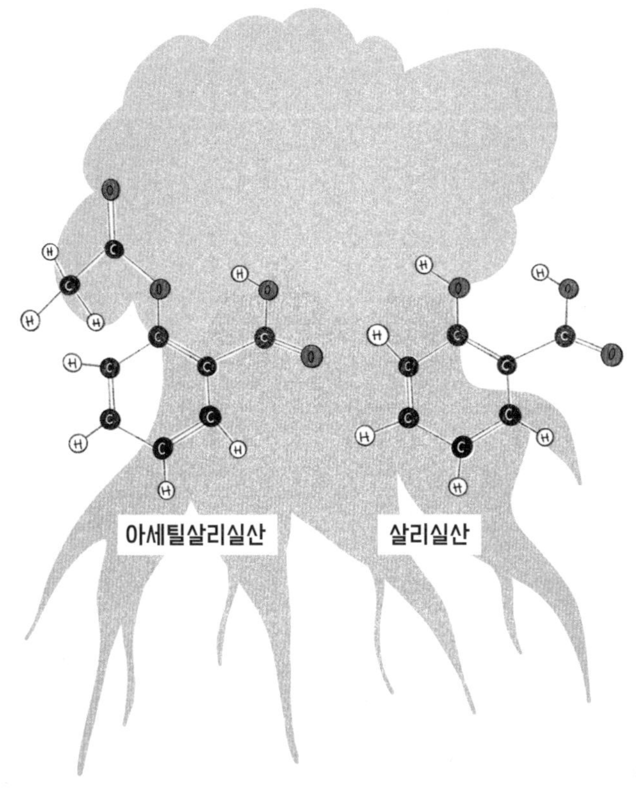

스피린의 경우 사용이 승인된 지 70년이 지난 후에야 이 약품이 인체에 어떻게 작용하는지가 밝혀졌다. 아세틸살리실산은 자극 전달 물질인 프로스타글란딘prostaglandin과 트롬복세인thromboxane의 생성을 억제한다.[35] 두 물질은 열, 통증, 염증의 발생과 관련이 있다. 아스피린은 혈소판 응고를 막는 데에도 효과가 있어 심장마비와 뇌졸중

예방을 위해 저용량으로 사용되기도 한다.[36]

나무는 약효가 있는 물질을 제공하는 귀중한 보물 창고다. 다양한 종류의 암을 치료하려는 목적으로 가장 자주 처방되는 물질 중 하나는 나무껍질에서 발견된 탁솔taxol이다. 1960년대에 식물학자 아서 바클리Arthur Barclay가 태평양주목의 껍질에서 이 물질을 발견했다. 탁솔의 화학 구조는 1971년에 명확하게 밝혀졌고 곧이어 동물과 인간의 암 치료에 성공적으로 쓰였다. 탁솔은 암세포의 분열을 막는다. 악성세포가 증식하기 전에 소멸시키는 것이다. 이 물질은 1992년 난소암 치료제 성분으로 승인되었고, 2년 후에는 유방암 치료제로도 쓰이게 되었다.[37]

탁솔의 발견은 의료 화학이 거둔 가장 큰 성과처럼 보였지만 한 가지 문제가 있었다. 귀중한 활성성분을 추출하기 위해 태평양주목의 껍질을 계속 벗긴다면 나무는 죽고 말 것이다. 게다가 나무 한 그루에서 얻을 수 있는 탁솔은 겨우 350밀리그램이다. 이 정도는 1회 복용량에 지나지 않으며, 전체 치료 과정에는 3그램이 필요하다. 암 환자 한 사람을 치료하기 위해 다 자란 태평양주목 열 그루 가까이 잘라야 하는 것이다. 태평양주목은 희귀하고 다 자라기까지 200년이 걸리며, 멸종 위기종인 올빼미의 서식지여서 암 환자와 자연 보호론자 사이에서 이해 충돌이 벌어지기에 이르렀다.[38]

이윽고 화학자 피에르 포티에Pierre Potier가 이 까다로운 상황에서

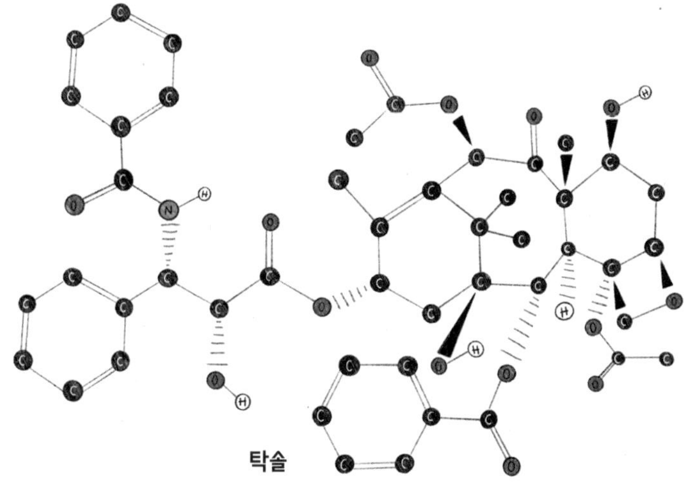
탁솔

벗어날 방법을 찾아냈다. 그는 프랑스 지프쉬르이베트Gif sur Yvette에 위치한 국립과학연구센터에서 일하고 있었는데, 센터 앞에는 성장 속도가 빠른 유럽 참나무들이 무성했다. 포티에는 이 나무에 탁솔을 빠른 속도로 생산할 수 있는 분자가 있다는 것을 확인했다. 이로써 활성성분 생산이 촉진되었고, 탁솔은 지금까지도 다양한 암을 치료하는 데 사용된다.

최고의 약효를 만들어 내는 자연의 수수께끼

나는 자연요법과 약학이 서로를 배척하는 상황을 썩 반기지 않는다. 자연요법은 무척 매력적이지만 약초 성분이 인체에 어떤 영향을 미치는지 잘 모를 때는 그 방법에 전적으로 의존하기 어렵다. 한편으로 약초 성분을 연구하면 많은 의학적 지식을 얻을 수 있다. 오늘날 우리가 구할 수 있는 약품의 절반은 자연물질에서 비롯되었거나 자연물질에서 영감을 받아 만들어진 것이다.

지난 몇 년 사이에 화학자들은 최고의 물질에는 입체적인 특성이 있다는 것을 점점 더 명확히 알게 되었다. 자연물질이 바로 그렇게 만들어진다. 자연이 만드는 놀라울 정도로 복잡한 분자들은 감탄을 불러일으킨다. 자연물질의 구조를 볼 때마다 나는 속으로 탄성을 내뱉곤 한다. '세상에. 이런 구조를 누가 생각해 내겠어?' 단순한 미생물이 엄청나게 복잡한 분자들을 생산하는 경우도 있다. 우리는 미생물이 왜 그런 물질을 생산하는지조차 이해하지 못할 때가 많지만, 미생물이 만든 물질은 각종 질병을 치유하는 데 사용되곤 한다.

자연에서는 때때로 극소량으로도 효과적인 물질이 생성된다. 남미의 한 개구리는 눈에 확 들어오는 밝은 색깔로 유명하다. 포식자의 눈에 매우 잘 띄는 색깔 때문에 개구리는 매우 정교한 독을 개발해 피부를 통해 배출하게 되었다. 이 독은 아주 적은 양으로도 덩치 큰 포식자에게 치명적인 피해를 입힌다. 남아메리카의 원주민들은 오래전부터 그 사실을 잘 알고 있었기 때문에 개구리의 가죽을 벗겨 사냥 도구에 독을 묻혔다. 그들의 화살 끝에 개구리의 독이 묻어 있었다는 데에서 '독화살 개구리'라는 이름이 붙었다.

나는 개구리 독의 화학 구조가 매우 흥미롭다고 생각한다. 바트라코톡신batrachotoxin은 개구리의 피부에서만 발견되고, 가장 독성이 강하다고 알려진 물질 중 하나다. 1마이크로그램만으로도 성인 한 사람을 충분히 죽일 수 있다.

자연물질의 분자 구조는 수백만 년에 걸쳐 진화해 왔다. 하지만 그런 구조가 만들어진 이유는 명확히 밝혀지지 않았다. 말라리아 환자들을 치료할 수 있다는 점이 기나나무에게 무슨 도움이 될까? 심해에 사는 해면동물이 항암제로 쓸 수 있는 화학물질을 생산하는 이유가 무엇일까? 어째서 양귀비 열매에서는 인간의 고통을 덜어 주는 즙이 나오는 것일까? 모두 우연이라고 말할 수 있을 것이다. 그리고 이런 우연은 언제든 일어난다.

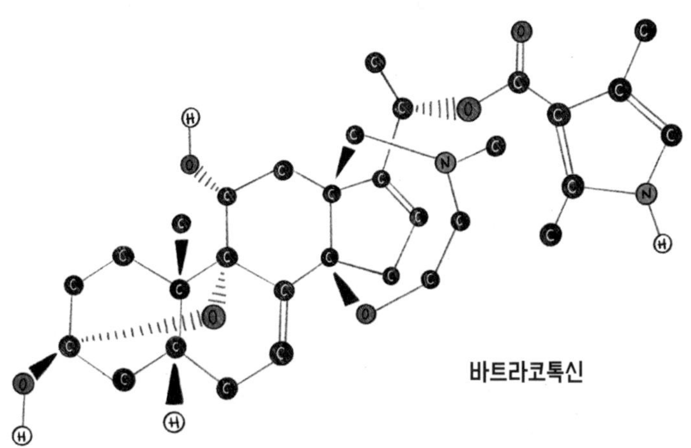

바트라코톡신

강력한 항생제 내성 세균의 등장

지금까지 보아 왔듯이 화학은 수많은 사람의 생명을 구할 수 있는 의학의 발전을 도왔다. 하지만 불행히도 더 많은 약이 개발되고 더 널리 사용될수록 커지는 문제가 하나 있다. 바로 내성 문제다.

내성이 위험한 이유를 이해하려면 우선 다양한 약물을 살펴볼 필요가 있다. 질병이 다양한 만큼 약물이 작용하는 방식도 매우 다양하다. 정확한 이해를 위해 아주 중요한 유형의 병인 감염병으로만 범위를 한정해서 살펴보자. 전염병에는 세균성 전염병과 바이러스성 전염병이라는 두 종류가 있다.

항생제는 세균성 전염병과 싸운다. 질병을 유발하는 세균을 직접 죽이기도 하고, 체내에 세균이 퍼지는 것을 막기도 한다. 항생제는 특정 세균에 대한 해결사로 설계되어 있지만, 체내의 유익한 미생물을 공격하기도 한다. 항생제 부작용으로 소화 불량이 자주 일어나는 까닭은 우리 몸에서 중요한 역할을 하는 위와 장 속의 세균이 공격을 받기 때문이다.

바이러스성 감염병에 걸렸을 때 항생제를 복용하는 것은 전혀 의미 없는 일이다. 다행히도 연구원들은 바이러스에 대항하는 약을 개발했다. 대표적인 예가 현대의 HIV 치료다. 감염을 피하고 위험한 전염병을 근절하기 위해서는 예방 접종이 시급하다.

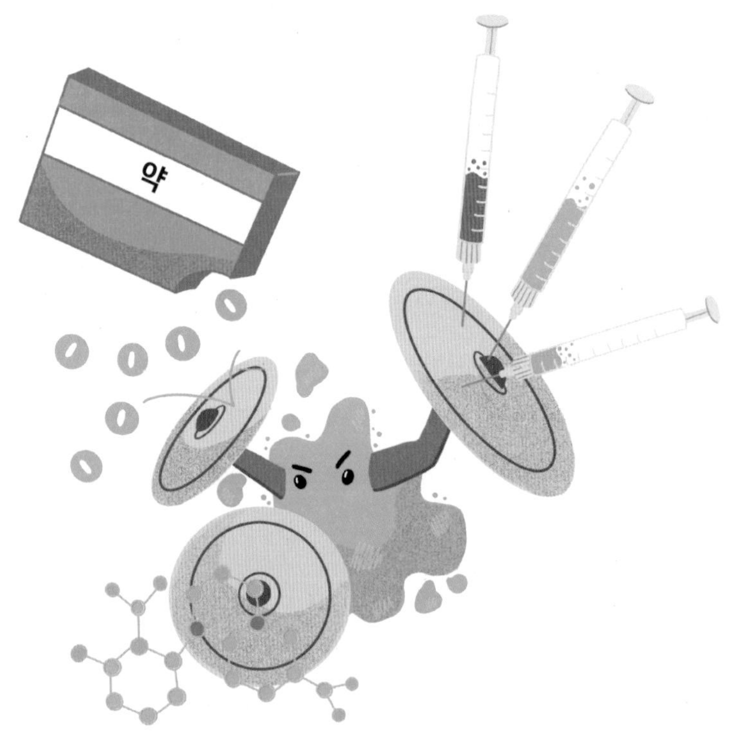

세균이나 바이러스가 체내에서 증식할 때는 항상 돌연변이가 생긴다. 유전물질이 조금씩 변하는 것이다. 이 과정에서 항생제나 항바이러스제의 영향을 받지 않는 개체가 생겨난다. 세균성 감염병에 걸려 항생제를 복용하면 민감한 세균들은 초기에 사라지지만, 저항성을 지닌 세균은 끝까지 살아남아 계속 증식한다. 몸이 회복되었다고 느껴지더라도 정해진 기간 동안 항생제를 꾸준히 복용하는 것이

중요한 것은 이런 이유 때문이다.

특정 세균이 같은 항생제를 반복적으로 만나면 가장 저항성이 강한 세균이 살아남아 다음 세대에 유전자를 물려줄 확률이 높다. 그렇게 살아남은 세균은 더 이상 항생제의 영향을 받지 않는다. 이러한 세균을 '내성 세균'이라고 부른다. 최악의 경우 세균이 너무 강해진 나머지 다양한 종류의 항생제에 내성을 갖게 되기도 한다. 이를 '다제 내성균'이라고 부른다. 세균의 세계만큼 진화의 과정을 낱낱이 볼 수 있는 영역은 거의 없을 것이고, 적자생존의 원칙 때문에 그 정도로 수많은 생명이 사라지는 영역도 달리 없을 것이다.

가장 잘 알려진 내성 세균 중 하나는 메티실린 내성 황색포도알균, 즉 MRSAmethicillin-resistant staphylococcus aureus이다. 면역 체계가 약해진 사람이 이 세균과 접촉하면 치명적인 결과가 일어날 수 있다. 병원과 요양원은 이 세균이 번식하기에 이상적인 조건을 갖춘 공간이다. 이 세균은 매우 다양한 염증을 유발해서 쇠약해진 환자에게 생명을 위협하는 패혈증까지 일으킬 수 있다.

내성 세균은 건강한 사람에게도 위협이 되곤 한다. 간단한 수술을 받고 나면 이러한 세균에 감염될 위험이 높아진다. 오늘날에는 외과 수술이 일상적인 의료 조치로 여겨지고, 수술 후에는 감염 예방을 위해 항생제가 처방되기 때문이다. 항생제의 효력이 떨어지는 것은 시간문제인 만큼 최악의 경우 가벼운 수술이 환자를 위험한 상태에 빠트리게 될 수도 있다.

항생제 내성은 1940년대 초반부터 이미 논의되었지만 유의미한 조치가 이루어지지는 않았다. 감염을 예방하거나 치료하기 위해 항생제를 사용했지만 아무 효과도 보지 못하는 일이 종종 발생했다. 치료 과정에서 항생제 복용을 지나치게 일찍 중단하는 일도 많았다.

항생제가 축산업에서 광범위하게 사용됨에 따라 2000년대에 들어 항생제 내성은 심각한 문제로 떠올랐다. 이제는 표준이 된 공장식 축산업은 의약품의 힘을 빌려야만 유지될 수 있는데, 동물이 섭취한 약품들은 결국 고기의 형태로 우리의 식탁에 오른다는 것이 문제다.

유럽연합 집행위원회는 항생제 내성으로 인해 유럽연합에서만 매년 약 3만 3,000명이 사망한 것으로 추정한다. 이로 인한 경제적 피해 추산액은 15억 유로다. 의료비가 증가하고 생산성이 저하된 것을 반영한 수치다.[39]

항생제 내성균이 발생하는 속도가 점점 빨라지고 있기 때문에 새로운 항생제 개발은 제약 회사에게 득이 되지 않는다. 항암제와 달리 항생제 가격은 많은 나라에서 낮게 유지되고 있다.[40] 사용할 수 있는 기간이 몇 년에 불과하고 가격도 낮은 항생제를 개발하기 위해 10년에서 12년을 투자한다는 것은 이윤을 추구하는 기업에게 썩 구미가 당기지 않는 일이다.

그러니 항생제 내성은 이중으로 심각한 문제다. 세균의 저항력이 강해질수록 항생제의 효과는 점점 감소하는데, 수익성이 없어 새로운 항생제가 개발되지 않는 것이다. 대기업에 인센티브를 제공하고 소규모 신생 기업과 연구소를 지원해 다양한 항생제를 개발하도록 독려하는 것이 향후 수십 년 사이의 가장 중요한 보건 정책 과제가 될 것으로 보인다. 세균의 빠른 진화가 계속되고 효과적인 해독제 연구가 실패로 돌아간다면 우리는 모두 무거운 대가를 치러야만 할 것이다.

혼돈 속에서 질서를 만드는 화학자의 일

분자의 세계를 좀 더 자세히 알아보자. 분자란 놀라울 정도로 유연하고 다양한 자물쇠에 맞는 열쇠 같은 존재라고 이미 언급한 바 있다. 그렇다면 분자 열쇠는 어떻게 맞는 자물쇠를 찾을까?

해답은 엔트로피entropy 법칙이라고 불리는 물리적 원리와 관련이 있다. 분자는 항상 비용 대비 효과를 계산한다. 바꾸어 말하면 분자는 늘 가장 적합한 상태를 추구한다. 화학자들에게 가장 중요한 과제는 특정한 단백질 자물쇠에 정확히 맞는 최적의 열쇠가 될 수 있도록 분자를 설계하는 일이다. 하지만 엔트로피 이론을 통해 알 수 있듯이 우주는 질서가 아닌 혼돈을 향해 움직이고 있다. 따라서 자물쇠와 질서 정연하게 만나는 분자에게는 불이익이 주어진다. 이를 전문 용어로 '엔트로피 벌금'entropic penalty이라고 한다.

나와 내 연구팀은 현재 제약 회사 베링거 인겔하임Boehringer Ingelheim과 함께 엔트로피 벌금을 줄이는 프로젝트를 진행하고 있다. 우리의 접근법을 설명하면, 일단 분자를 최대한 단단하게 만들어서 움직일 가능성이 거의 없도록 했다. 또한 우리가 원하는 자물쇠에 가장 딱 맞는 형태가 되도록 설계했다. 분자의 움직임을 통제하면 엔트로피 벌금을 지급하지 않아도 된다. 이익을 취하면서도 비용을 들일 필요가 없는 것이다. 이 접근법은 실제로 효과가 있는 것으로 나

타났다.[41]

엔트로피에 관해 이야기하는 김에 몇 마디를 덧붙이고 싶다. 엔트로피는 매우 철학적인 문제다. 앞서 말했듯이 이는 무질서의 척도로, 우주의 엔트로피가 끊임없이 증가한다는 것을 알아낸 것은 오스트리아 물리학자 루트비히 볼츠만의 위대한 업적이다. 우주는 혼돈을 향해 가지만 그에 맞서 질서의 작은 섬을 만드는 것이 생명체의 가장 큰 특징 중 하나다.

나는 종종 인간 문명과 인간 사회의 질서가 왜 지금의 방식으로 발전했는지 스스로 묻곤 한다. 인간은 언제나 혼돈보다는 질서를 더 바람직하게 여겨 왔다. 셔츠를 입으면 두어 시간 후면 주름이 진다는 것을 잘 알지만 나는 매일 셔츠를 다려 입는다. 얼마 지나지 않아 집안이 지저분해진다는 것을 알면서도 우리는 청소와 정리 정돈에 긴 시간을 들인다. 끊임없이 커져 가는 혼란에 맞서 싸우는 일은 빠른 좌절과 직결된다. 그런데도 인류 문명은 질서와 청결을 추구하며 발전해 왔다.

나는 인간만큼 질서 정연한 동물을 거의 알지 못한다. 새도 둥지를 지을 때면 엔트로피에 대항하지만, 잘 정돈된 환경(그리고 구김 없는 옷)에 대한 인간의 집착은 무척 특이하게 느껴진다.

제4장

비료와 화학

세상을 먹여 살린 히어로

공기로 빵을 만들다니?! 그야말로 화학자들이 꿈에서조차 너무 황당하다고 고개를 저을 만한 발견이었다. 20세기 초는 식물의 성장에 질소가 필요하다는 사실이 밝혀지고 수세기가 지난 시점이었다. 1840년에 화학자 유스투스 폰 리비히Justus von Liebig는 질소 비료를 개발했다. 그러나 질소 공급원이 제한적이었다. 공기 중에 질소가 풍부하게 존재한다는 것은 잘 알려져 있었지만, 그게 무슨 소용이란 말인가? 식물에게 땅 밖으로 뿌리를 내밀어 공기 중의 질소를 직접 흡수하라고 가르칠 수 없는 노릇이었다.

화학자 프리츠 하버Fritz Haber는 동료 중에서도 눈에 띌 만큼 뛰어난 재능을 가진 인물이었다. 그는 1909년 7월 2일에 공기 중에서 질소를 추출해 암모니아ammonia에 저장하는 장치를 만드는 데 성공했다.

하버는 화학자 카를 보슈Carl Bosch와 함께 암모니아를 대규모로 생산하기 위한 산업 공정을 개발했다. 그 결과 인공 비료를 대량으

로 생산할 수 있었고, 재배 면적당 수확량이 상당히 크게 증가했다. 1918년 두 과학자는 노벨 화학상을 받았다. 수상 시점을 주목할 만한데, 하버는 제1차 세계대전이 끝나 갈 무렵 가스전의 아버지로 활약했다. 그의 지휘하에 독일군은 프랑스군과의 전투에서 유독성 염소가스를 사용했다. 노벨 재단의 법령에 따르면 노벨상은 '인류에게 위대한 혜택'을 주는 발견을 한 사람에게 수여된다. 하버의 노벨상

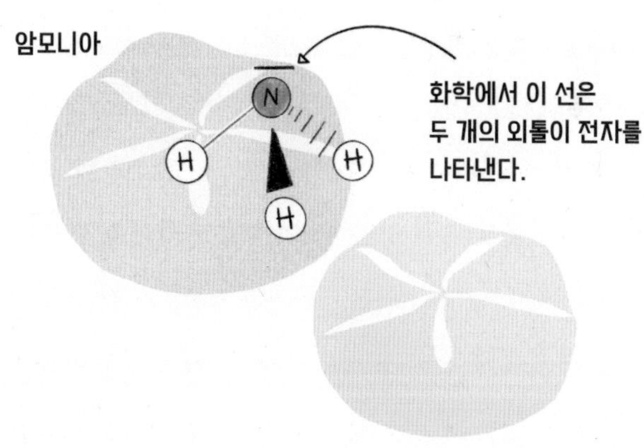

수상을 의아해하는 시선이 꽤 많았다.

암모니아 합성은 극단적으로 다른 두 목적을 위해 사용된다. 하버-보슈법은 오늘날까지도 증가하는 세계 인구를 위한 식량을 확보하는 데 크게 기여하고 있다. 요즘 사람들의 몸에서 발견되는 질소의 거의 절반이 과거에 하버-보슈법을 통해 생산된 것이다.[42] 현재는 공정의 모든 단계가 최적화되었지만, 기본적으로는 여전히 하버와 보슈가 개발한 방법을 따르고 있다. 한편 이 방법은 제1차 세계대전에 사용된 폭발물 제작에도 쓰였다. 암모니아 합성이 불가능했다면 독일군의 탄약은 1915년 중반에 벌써 다 떨어졌을 것이다.[43]

이런 면에서 하버의 발견은 과학적 발견이 그 자체로는 좋지도 나쁘지도 않다는 점을 보여 주는 좋은 예다. 과학적 발견은 다양한 방식으로 사용될 수 있다. 그렇기 때문에 가능한 많은 사람이 과학에 흥미를 갖고 정보를 얻는 것이 매우 중요하다. 과학적 지식을 사용하거나 사용하지 말아야 할 분야가 무엇인지에 대해 폭넓게 대화할

수 있는 환경이 마련되어야 한다.

20세기 초만 하더라도 지구상에는 약 16억 명의 사람들이 살았다. 오늘날에는 약 77억의 인구가 살고 있다. 질소 비료가 개발되지 않았다면 어떻게 세계 인구를 먹여 살렸을지 상상하기 어렵다. 하버-보슈법이 없었다면 세계의 인구는 현재의 약 5분의 3에 불과했을 것으로 추정된다.[44] 인구가 빠르게 증가함에 따라 하버-보슈법에 대한 의존도도 계속 증가하고 있다. 프리츠 하버의 암모니아 합성은 의심할 여지 없이 과학사에서 가장 중요한 발견 중 하나다.

하버가 그의 조국인 독일에 얼마나 헌신적이었는지는 질소와 무관한 그의 또 다른 모험적인 연구 프로젝트만 보더라도 알 수 있다. 제1차 세계대전 이후 독일은 2,690억 골드마르크를 배상금으로 지불해야 했는데, 전쟁으로 황폐해진 나라가 감당하기는 너무 많은 액수였다. 전쟁 전에 공기로 빵을 만들었던 하버는 전쟁이 끝난 뒤 바다에서 금을 캐겠다는 꿈을 꾸었다. 이 꿈에는 매우 과학적인 근거

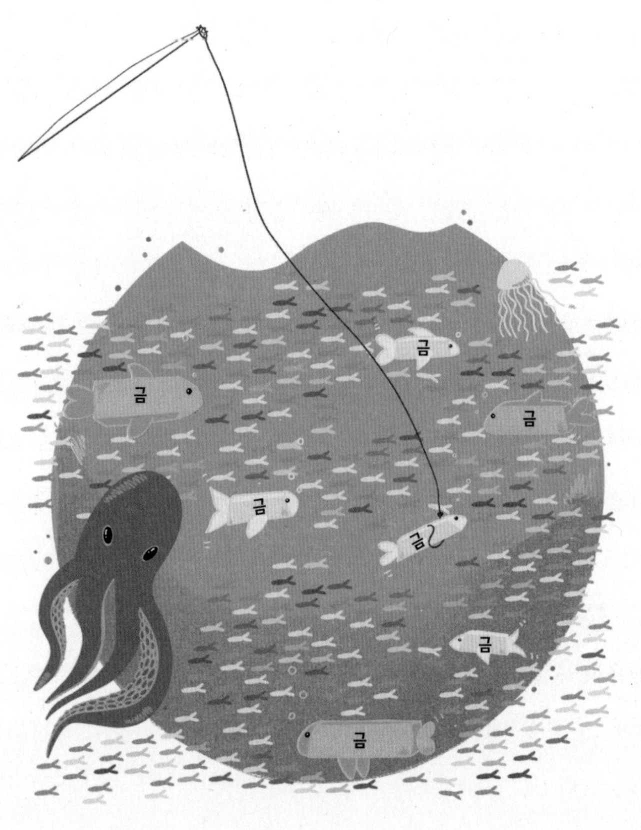
금
금
금
금
금
금
금

가 있었다. 하버의 스웨덴 동료 스반테 아레니우스Svante Arrhenius는 용액의 전기 전도에 대한 연구를 했다. 1903년 그는 바다에 얼마나 많은 금이 용해되어 있는지 계산해 보았는데, 바닷물 1톤당 6밀리그램이라는 결과가 나왔다. 아레니우스의 계산에 따르면 전 세계의 바다에는 총 80억 톤의 금이 녹아 있다.[45]

하버는 바다에서 금을 찾는 실험의 가능성을 가늠해 보기 위해 전 세계의 바닷물 샘플을 베를린에 있는 자신의 연구소로 가져왔다. 화학적으로 분석한 결과 아레니우스의 추정치가 맞았다. 하버는 1923년부터 몇몇 철강 회사의 지원을 받아 특별한 장비를 갖춘 배를 타고 전 세계의 바다를 누볐다. 하지만 결국 그는 바다에서 금을 추출하는 것은 너무 복잡하고 비용이 많이 드는 일이라는 실망스러운 사실을 받아들여야 했다. 독일의 전쟁 부채를 상환하는 데 보탬이 될 만큼의 수익을 얻을 수는 없었다.[46]

생명체의 생과 사를 책임지는 질소

황금 낚시를 위해 대양을 누비던 얘기는 그만하고 다시 질소로 돌아가 보자. 동식물과 인간의 삶과 죽음에 대해 어떻게 질소라는 원소가 핵심적인 역할을 하게 되었을까? 앞서 얘기했듯이 질소가 인체에서 차지하는 비율은 단지 2퍼센트에 불과하다. 그렇다면 '대접을 받으려면 나를 먼저 대접해야 한다'라는 옛 격언이 질소에도 적용되는 것일까? 그렇다고 할 수도 있고 아니라고 할 수도 있다.

대기에서 질소는 가장 지배적인 원소이다. 공기의 약 80퍼센트는 질소로 이루어져 있다. 호흡을 할 때는 항상 공기의 20퍼센트만을 차지하는 산소에 초점을 맞추게 되지만, 인간이 호흡하려면 공기 중의 질소 함량이 높아야 한다. 순수한 산소나 산소가 농축된 공기 혼합물을 흡입할 경우 생명을 위협하는 폐렴, 이른바 급성 폐 손상으로 이어진다. 폐 조직이 산소 과잉으로 인해 손상되어 몸이 충분한 산소를 흡수하지 못해 역설적으로 질식 상태에 이르는 것이다.[47]

대기 중에는 약 80퍼센트에 달하는 풍부한 질소가 함유되어 있다. 살아 있는 유기체에는 훨씬 적은 비율의 질소가 함유되어 있지만 질소 함량이 부족할 경우 성장이 느려진다. 동식물이 공기에서 직접 질소를 얻는 대신 복잡한 화학 과정을 통해 질소를 획득하는 이유는 공기 중의 질소가 매우 안정적인 화학 구조를 갖추고 있다는

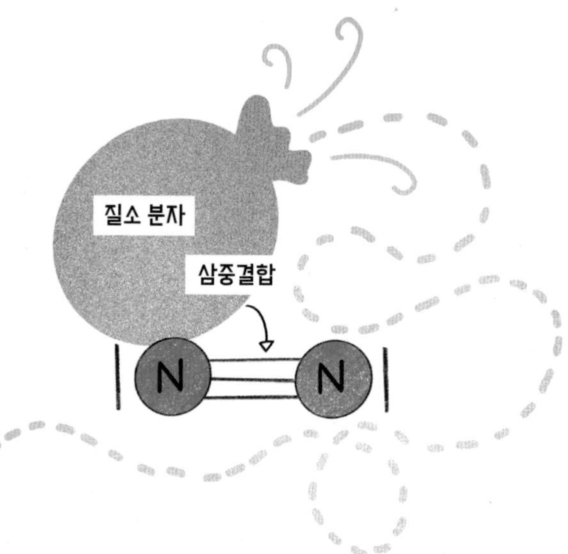

사실과 관련이 있다. 화학적 결합의 특성을 기억하자. 모든 원자는 가장 바깥쪽의 껍질을 여덟 개의 전자로 채우려고 노력한다. 다섯 개의 외부 전자를 가진 질소는 세 개의 전자가 부족하다. 질소 원자가 분자 안에서 서로 결합할 때, 원자들은 각각 세 개의 전자를 데려온다. 이것을 삼중결합이라고 한다. 원자 사이에서 극히 안정적인 쌍 구조가 형성되는 것이다.

사정이 이렇다 보니 질소 원자들은 화학반응을 피하려 한다. 화학반응을 강제하기 위해서는 다량의 에너지와 기술적 정교함이 필요하다. 연간 전 세계 에너지 소비량의 약 1~3퍼센트가 하버-보슈법의 적용에 사용된다는 추정이 그리 놀랍지 않은 이유다. 단일 화학 반응의 에너지 수요를 충족하기 위한 것치고는 엄청난 양이다.

질소는 비록 살아 있는 유기체의 작은 부분일 뿐이지만, 생명과 연결된 여러 과정에서 중요한 역할을 담당하고 있다. 식물 안에서는 최대한의 에너지를 끌어올 수 있도록 엽록소의 광합성을 촉진한다. 유전물질이 암호화된 핵산 DNA와 RNA, 온갖 단백질을 구성하는 아미노산, 살아 있는 유기체의 화학반응을 성공시키는 데 꼭 필요한 효소 안에서도 질소는 핵심적인 요소다.[48]

질소는 식물의 성장을 돕고, 나뭇잎에 녹색을 입히며, 수십억 인구의 주식인 곡물의 단백질 함량을 책임진다. 인간에게도 질소는 필수적이다. 인체가 필요로 하는 열 가지 필수 아미노산 중에서 아홉 가지는 식물을 통해 섭취할 수 있다. 곡물이나 콩을 직접 먹거나, 식물 사료를 섭취한 동물들의 고기를 먹음으로써 간접적으로 섭취하기도 한다.[49]

질소 원자가 유기체 안에서 다양한 임무를 수행하려면 대기 중의 질소 분자는 두 개의 원자로 쪼개져야 한다. 하지만 질소 분자를 가를 수 있는 유일한 자연 현상은 번개뿐이다. 번개가 칠 때 얼마나 많은 반응성 질소 원자가 방출되는지 정확히 셀 수 없지만, 현재의 대규모 농업이 필요로 하는 양보다 훨씬 적다는 것은 확실하다. 게다가 질소와 결합할 수 있는 유기체는 매우 소수에 불과하다. 뿌리혹

박테리아rhizobium bacteria는 질소 분자를 이용해 암모니아를 생산할 수 있지만, 이 박테리아는 오직 콩과 식물하고만 공생한다.[50]

반응성 질소를 제공하는 데는 박테리아가 여전히 세계에서 가장 중요한 역할을 하고 있다. 인공 비료의 질소 함량은 박테리아가 생성하는 질소의 절반 정도밖에 되지 않는다. 하지만 농업이 집중적으로 이루어지는 지역에서는 인공적인 질소의 양이 박테리아가 자연 생산한 질소의 양을 훨씬 능가한다.[51]

과잉 질소가 일으키는 치명적인 부작용

질소의 자연적인 순환에 인공적으로 개입하는 것에는 부정적인 측면도 있다. 인공 질소는 밭을 비옥하게 하는 데 그치지 않고 간접적으로 다양한 영향을 미친다. 농경지 주변의 강, 지하수, 심지어 성층권의 질소 농도까지 점차 증가하고 있다.

질소 비료를 너무 많이 사용하면 생명 유지에 필수적인 요소가 환경에 끼치는 부정적인 영향력이 매우 커진다. 비료는 토양, 지표수, 지하수뿐 아니라 생물 다양성과 인간의 건강에 나쁜 영향을 미칠 수 있다.

비가 내리면 흙 속의 비료가 강이나 호수로 들어간다. 호수에 들어간 인산염 비료는 물속에 지나치게 많은 영양분을 공급해 시아노박테리아cyanobacterium와 해조류의 폭발적인 성장을 촉진한다. 궁극적으로는 먹이 사슬을 통해 인간에게 독소가 도달하게 될 수 있다.

질소 비료는 강, 호수, 바다의 산소 부족을 일으킨다. 질소가 유입되면 해조류와 식물성 플랑크톤이 번성하게 되고, 이들이 시들어 바닥으로 가라앉으면 산소를 소비하는 박테리아에 의해 분해되기 때문이다. 다양한 생물들에게 필요한 산소가 충분히 공급되지 않는 해양지역이 점점 늘어나고 있다. 다수의 해양지역이 사막처럼 생명에게 적대적인 환경으로 변해 가는 상황이다. 죽음의 해역이 늘어나는

것이다. 이러한 해역 중 가장 거대한 곳은 아라비아해에 위치하고 있는데 넓이가 약 18제곱킬로미터에 달하며, 오만만Gulf of Oman을 거의 뒤덮고 있다.[52] 비교하자면 오스트리아 국토의 면적은 8만 4,000제곱킬로미터가 채 되지 않는다.

식물이 흡수할 수 있는 것보다 더 많은 비료를 밭에 뿌리면 질소는 매우 불쾌한 2차 효과를 일으킨다. 과도한 질소는 물에 씻겨 나가면서 질산염을 형성하여 지하수로 들어간다. 앞서 언급한 바와 같이 질산염은 체내에서 건강에 해로운 물질인 니트로사민으로 전환될 수 있다. 지하수 내 질산염 농도의 한계치는 법적으로 제한되어 있다. 우려스럽게도 이 법은 잘 지켜지지 않는다. 독일에서는 2008년 이후 전체의 5분의 1에 해당하는 측정 지점에서 한계치를 초과하는 값이 나와 유럽 사법재판소가 유죄 판결을 내렸다.[53]

질소 비료의 또 다른 문제점은 기후에 관여한다는 것이다. 질소 비료를 생산하는 과정에서 이산화탄소, 메탄, 웃음 가스라고도 불리는 아산화질소가 발생한다. 아산화질소는 이산화탄소보다 지구를 약 300배나 더 뜨겁게 달구고 성층권의 오존을 파괴한다.

숲의 폭발적 성장을 이끄는 요인

지금까지 살펴본 바를 종합하면 질소 비료가 기후에 상당히 부정적인 영향을 미치는 것 같지만, 세상은 보기보다 단순하게 돌아가지 않는 경우가 많다.

비료의 사용은 지구에 긍정적인 냉각효과를 불러오기도 한다. 요즘 농장의 동물들은 수십 년 전에 비해 훨씬 더 많은 양의 단백질을 섭취한다. 그 결과 동물의 배설물로 만든 비료에 암모니아가 풍부해졌는데, 이 비료를 밭에 뿌리면 암모니아에서 질소 화합물이 빠져나간다. 빠져나온 물질은 나뭇잎에 축적되고, 나뭇잎이 땅에 떨어지면 숲의 흙이나 다른 생태계 속으로 흡수된다. 이 물질 또한 비료로써 효과를 나타내기 때문에 숲은 더 튼튼하게 성장할 수 있게 되고 결과적으로 대기 중의 이산화탄소가 더 많이 흡수된다.

이에 더하여 암모니아와 질소 산화물 분자는 대기 중으로 방출되어 더 견고한 구름을 형성한다. 구름은 햇빛을 가려 지구에 냉각효과를 제공한다. 이상의 두 가지 효과는 아산화질소가 기후에 미치는 부정적인 영향을 충분히 상쇄할 수 있다.[54]

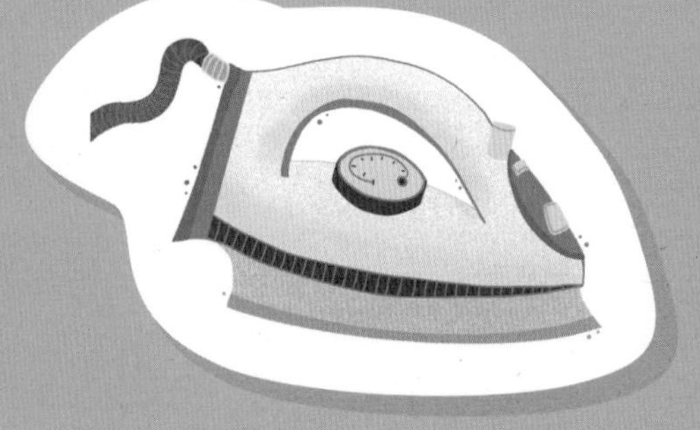

제5장

플라스틱과 화학

갑자기 등장한 일상의 동반자

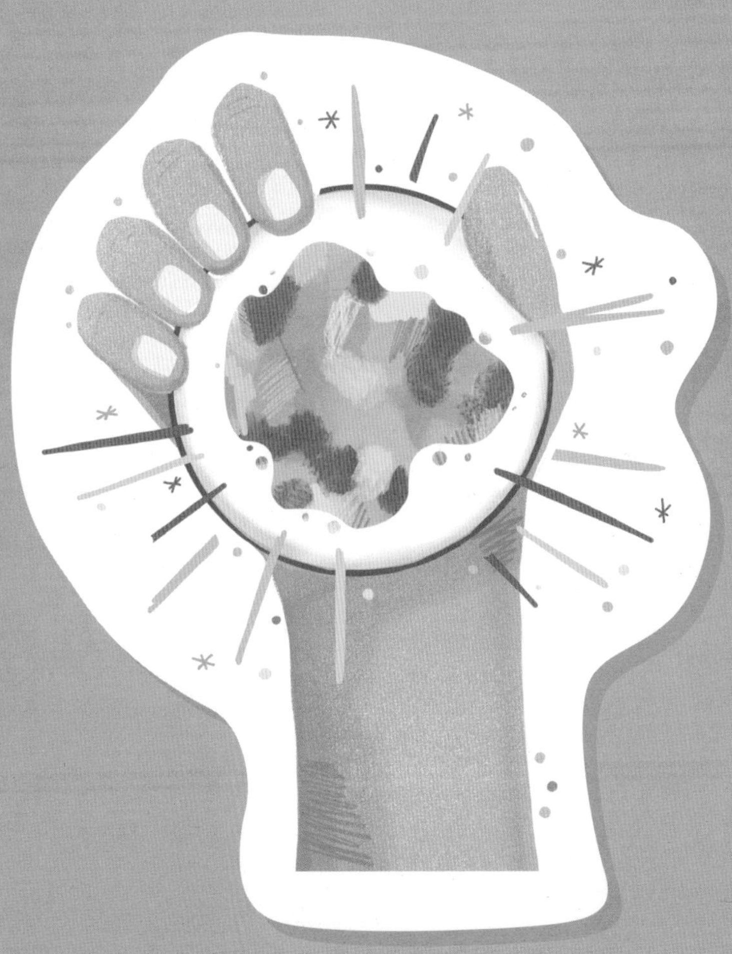

어떤 발명은 사회적으로 매우 중요한 위치를 차지하게 되어 몇 년이 채 지나지 않아 완전히 당연한 것으로 자리 잡는다. 그중 하나가 인터넷이다. 나는 인터넷이 존재하지 않았던 시대에 성장기를 보냈지만, 요즘은 인터넷이 없는 삶과 과학계를 거의 상상할 수 없다. 이러한 획기적인 발명을 표현하는 '게임 체인저'game changer라는 표현이 마음에 든다. 수많은 과학적 발견이 일상생활의 규칙을 바꿔 온 모습을 잘 드러내기 때문이다.

위대한 혁신은 버튼 하나만 누르면 나오는 것이 아닌데 성공을 향한 압박감은 종종 나쁜 결과를 부르고 문제 해결의 돌파구를 막아 버린다. 빈대학교에서 교수 제안을 받기 전까지 나는 몇 년간 막스 플랑크 석탄연구소의 그룹 리더로 지냈다. 이 연구소는 세계에서 가장 유명한 화학 연구기관 중 하나인데, 그 명성은 독일이 제2차 세계대전의 영향에서 벗어나지 못하고 있던 1950년대에 연구소에서 개발한 게임 체인저에서 비롯되었다. 화학자 카를 치글러Karl Ziegler가

동료 연구원들과 함께 만들어 낸 놀라운 물질이 세상을 확 바꾸어 놓은 것이다. 이 물질은 지금까지도 우리의 일상생활 전반에서 갖가지 형태로 사용되고 있다. 치글러와 그의 동료들은 플라스틱 제조법을 획기적으로 발전시켰다. 플라스틱은 값싸고, 내구성이 강하며, 다양한 색상을 선택할 수 있다는 점에서 처음에는 매우 긍정적인 평가를 받았다. 어떤 일이 일어났는지 차근차근 짚어 보자!

4장에서 하버-보슈법을 통해 식품 생산과정을 획기적으로 개선한 합성에 대해 알아보았는데, 식품 시장에 큰 영향을 미친 또 다른 화학 발견이 20세기 초에 이루어졌다. 1907년 식품 포장에 적합한 새로운 물질이 발견되어 식재료를 오랫동안 보관할 수 있게 된 것이다. 이 사연의 주인공은 최초의 완전 합성 플라스틱인 베이클라이트bakelite로, 페놀phenol, 폼알데하이드formaldehyde의 반응을 통해 생성되는 황색 합성수지다. 베이클라이트는 감자칩을 포장했을 뿐만 아니라 라디오나 당구공의 재료로도 쓰였다.[55]

이후로 수십 년 동안 다양한 플라스틱이 계속 개발되었다. 화학자 헤르만 슈타우딩거Hermann Staudinger는 1920년대에 플라스틱의 화학 구조를 발견했다. 그가 발견한 바에 따르면 플라스틱은 탄소 원자로 구성된 작은 분자인 단량체monomer가 길게 엮인 사슬로 이루어져 있다. 이처럼 긴 사슬로 구성된 물질을 화학자들은 중합체polymer라고 부른다(고대 그리스어로 '많은 것'이라는 의미인 πολύ[poly]와 '부분'이라는 의미인 μέρος[méros]가 합쳐진 용어다). 이미 1장에서 다당류라는 천연 중합체에 관해 다루었는데, 또 다른 천연 중합체의 예로는 고무, 면, 비단, 목재, 리넨, 가죽 등이 있다. 생활용품에도 인공적으로 생산된 중합체가 많이 쓰인다. 쇼핑백 재료로 사용되는 폴리에틸렌polyethylene은 에틸렌ethylene으로 이루어진 사슬이다. 레코드판의 재료인 폴리염화비닐polyvinyl chloride은 염화비닐vinyl chloride로 이루어져 있고, 주로 패스트푸드의 포장재로 쓰이는 폴리스티렌polystyrene은 스티렌styrene으로 구성되어 있다.[56]

천연고무는 남아메리카 원주민들이 11세기 초부터 사용하던 물질이다.[57] 또한 상업적인 목적에 의해 대규모로 사용된 최초의 중합체이기도 하다. 1839년 화학자 찰스 굿이어Charles Goodyear는 끈적끈적한 천연고무를 유황으로 가열하면 물질의 특성이 완전히 바뀐다는 사실을 발견했다. 새로운 물질은 초고온과 초저온에서도 탄성을 유지했으며 외부 충격에 대한 내성이 강했다. 굿이어는 부인이 불평했음에도 불구하고 부엌에서 실험을 이어 나갔다. 천연고무에 유황과 백연white lead을 섞고 섭씨 150도에서 한 시간 동안 오븐에서 굽는 식이었다. 굿이어는 혁명적인 발견을 하고 수많은 특허를 출원했지만 재정 면에서 결실을 거두지 못했다. 그는 엄청난 빚을 안은 채로 죽음을 맞이했다.

1888년 스코틀랜드 발명가 존 던롭John Dunlop이 공기로 채운 고무 타이어를 개발함으로써 새로운 길이 열렸다. 그가 개발한 타이어는 미국 기업인 헨리 포드Henry Ford가 출시한 첫 번째 자동차에 사용되었고, 이후로 합성고무는 승승장구했다. 오늘날에도 타이어 제품에서 던롭과 굿이어라는 이름을 자주 볼 수 있다. 자연물질 기반의 중합체도 여전히 많은 영역에서 사용되고 있지만, 이들과 친척 관계라고 볼 수 있는 합성 중합체가 훨씬 큰 성공을 거두었다. 천연 중합체와 비교할 때 플라스틱의 결정적인 장점은 제품의 특성에 맞춰 제작할 수 있다는 점이다. 전기 케이블을 감싸는 절연재, 다리미가 필요 없는 셔츠, 달걀이 눌어붙지 않는 프라이팬이 모두 화학적 결합의 성과다.

전 세계적으로 소비되는 플라스틱의 양은 연간 약 3억 톤이다. 그 중 대부분이 가장 대표적인 다섯 종류의 플라스틱으로 만들어진 제품이다. 이른바 '빅 파이브'에 해당하는 폴리에틸렌PE, 폴리프로필렌PP, 폴리염화비닐PVC, 폴리스티렌PS, 폴리에틸렌테레프탈레이트PET는 약어로 더 잘 알려져 있다.[58]

많은 사람들이 플라스틱을 부정적인 이미지와 함께 떠올린다. 바

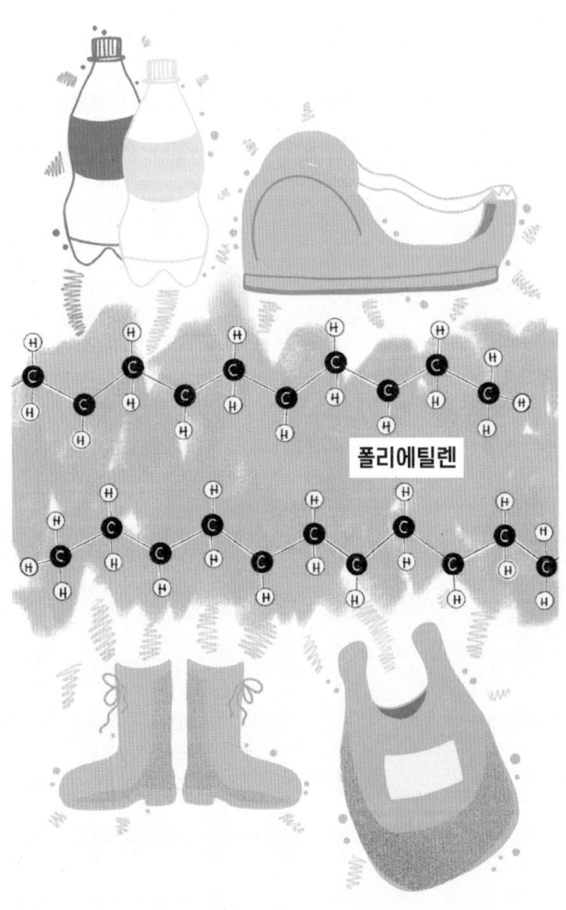
폴리에틸렌

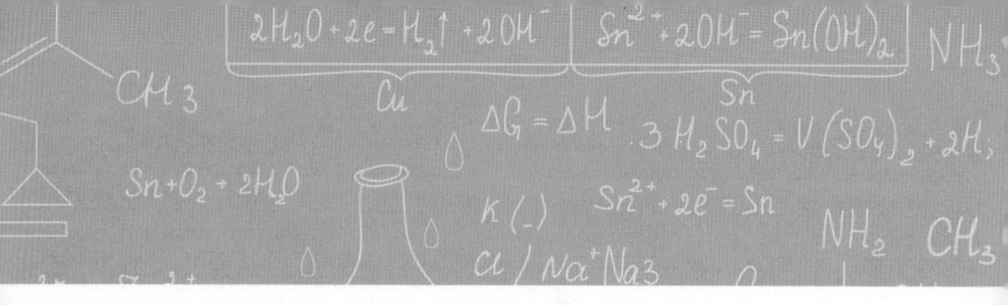

다의 쓰레기 더미나 미세 플라스틱이 연상되는 것이다. 회의론이 합리적이라 할지라도 플라스틱의 긍정적인 측면 또한 함께 살펴보아야 한다. 플라스틱의 장점을 최대화하고 단점을 최소화할 길을 찾기 위해서다.

PP
PFA
PE
PA
PTFE
PET

단단한 흰색 물질 폴리에틸렌의 우연한 발견

중합체를 인공적으로 만드는 원리는 재료가 무엇이든 항상 같다. 방금 깎은 양털을 물레에 넣어서 실을 만드는 할머니를 떠올리면 그 원리를 쉽게 이해할 수 있다.

양털은 단량체에 해당한다. 어떤 플라스틱은 동일한 단량체만으로 구성된다. 반면 나일론 같은 물질을 구성하는 단량체는 한 가지 이상인데, 이 단량체들은 항상 아름답게 번갈아 연결된다. 할머니가 실을 얼마든지 길게 늘일 수 있듯이 중합체 또한 원하는 만큼의 크기로 확장시킬 수 있다. 중합체를 구성하는 사슬의 끝에는 반응성 입자가 있기 때문에 할머니는 물레 돌리는 일을 멈추었다가도 언제든 다시 실을 뽑을 수 있다.

플라스틱은 화학적으로 정확한 용어는 아니다. 우리가 흔히 플라스틱이라고 부르는 물질을 화학자들은 '폴리에틸렌'이라고 부른다. 우리는 1장에서 이미 에틸렌을 만난 적이 있다. 숙성 과정에서 과일이 생산하는 기체가 에틸렌 가스다. 화학자들은 20세기 초에 에틸렌으로 중합체를 만드는 방법을 궁리했다. 해답을 찾은 사람도 있었지만 1950년대까지는 그 방식이 매우 조악했고 대량생산에 적합하지 않았다.

1953년 독일 막스플랑크 석탄연구소에서 우연한 발견이 이루어

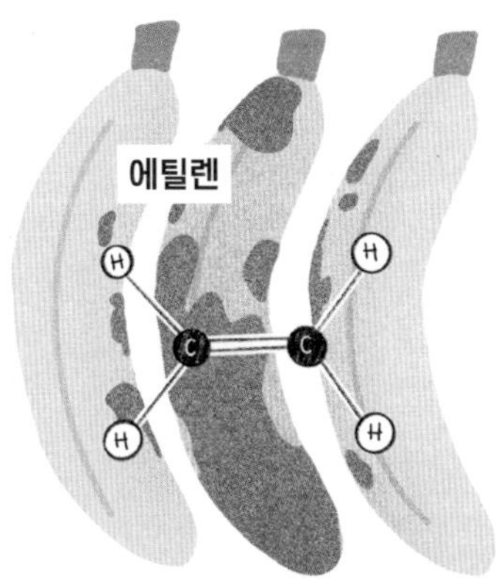

지면서 상황은 급작스럽게 바뀌었다. 화학자 카를 치글러와 그의 동료들은 에틸렌의 반응을 연구하고 있었는데, 처음에는 중합체를 만드는 작업에 초점을 맞추지 못했다. 단지 두세 개의 에틸렌 분자를 결합하기 위해 애쓰고 있을 뿐이었다.

같은 해 10월 26일, 치글러의 제자 하인츠 브라일Heinz Breil이 과학의 역사에 기록될 만한 실험을 했다. 그는 에틸렌과 트라이에틸알루미늄triethylaluminum의 반응을 실험하면서 지르코늄zirconium 화합물을 첨가해 보았다. 섭씨 100도의 열, 100바의 압력을 가하는 일반적인 조건으로 실험하면 보통은 기체 혼합물이 생성된다. 그런데 그날 브라일은 압력 용기 안에 단단한 흰색 물질이 생겨난 것을 발견했다. 폴리에틸렌이었다.[59]

거기까지는 좋았다. 문제는 그 반응을 재현할 수 없다는 것이었다. 치글러와 동료 연구원들은 폴리에틸렌이 생겨난 실험을 할 때 평상시와 다른 무언가를 했을 것이라고 생각했다. 하지만 대체 무엇을 달리했단 말인가? 연구원들은 과정에 조금씩 변화를 주면서 반응 실험을 거듭했다. 하지만 기적의 물질 폴리에틸렌은 다시 나오지 않았다.

가끔 나도 연구 과정에서 비슷한 상황에 처한다. 어떤 반응이 어느 날부터 갑자기 예전처럼 일어나지 않게 된다. 반응과 관련한 일부 요소가 변경되었다는 의미다. 이는 케이크를 굽는 일과 어느 정도 비슷하다고 볼 수 있다. 늘 같은 요리법으로 만드는데 매번 조금씩 다른 케이크가 만들어지는 것을 경험해 본 적이 있을 것이다.

실험실에서 갑자기 반응이 멈추었다는 것을 발견하면 몇 주 동안이고 원인을 찾는다. 용제가 깨끗하지 않아서일 수도 있고, 평소와는 다른 업체의 시약을 구입했기 때문일 수도 있다. 케이크를 만들 때 다른 업체의 밀가루를 사용하면 평소와 다른 결과가 나오는 것과 마찬가지다.

또한 어떤 반응은 온도에 매우 민감하다. 똑같이 상온에서 실험을 하더라도 계절이 여름인지 겨울인지에 따라 반응이 달라질 수 있다. 단순히 실험자가 달라서 차이가 생겼을 가능성도 있다. '두 방울' 같은 모호한 지시는 사람마다 다르게 받아들일 수 있기 때문이다.

카를 치글러 실험실의 연구원들은 몇 주 만에 마침내 수수께끼를

풀었다. 정답은 촉매였다. 그들은 화학적 직관에 따라 주기율표 중간 부분의 금속을 촉매로 사용해서 실험해 보기로 했다. 그리고 타이타늄titanium을 넣었을 때 원하던 반응을 재현할 수 있었다. 알고 보니 누군가가 에틸렌 실험 전날에 타이타늄으로 다른 반응 실험을 하고 나서 피스톤을 깨끗이 씻지 않았다고 한다. 덕분에 타이타늄이 에틸렌과의 반응에 촉매로 작용해 폴리에틸렌을 형성하게 된 것이다. 그렇게 해서 타이타늄은 오늘날 치글러-나타 촉매Ziegler–Natta catalyst라고 불리는 촉매의 기초가 되었다.

당시에는 최대 100개의 에틸렌 분자를 연결할 수 있었는데, 지금의 화학 산업은 더욱 발전했다. 우리가 쇼핑한 물건을 안전하게 담아 집으로 가져가기 위해 쓰는 비닐 쇼핑백은 1,000개 이상의 에틸렌 분자가 연결된 사슬로 구성되어 있다.[60]

플라스틱의 발견은 순전히 우연이었다. 과학계에서는 이를 '세렌디피티'serendipity라고 부른다. 이 용어는 세 명의 왕자가 예상치 못한 발견을 거듭하는 페르시아 동화에서 유래되었다. 동화의 영어 제목은 '세렌디프의 세 왕자'인데, 세렌디프는 고대 아랍의 무역상들이 오늘날의 스리랑카를 일컬을 때 쓰던 지명이다.

예기치 않았던 과학적 발견을 '세렌디피티'라고 부르기 시작한 사람은 사회학자 로버트 머튼Robert Merton이다.[61] 나는 학생들에게 되풀이해 이야기한다. 세계에서 가장 위대한 발명품은 대부분 우연히 만들어진 것이며 앞으로도 그럴 것이라고. 누구나 시도하고 시험해 온 방식만을 따른다면 근본적으로 새로운 것을 창조하기는 불가능하기 때문이다.

폴리에틸렌 합성법이 발견된 장소와 시기도 주목해 볼 만하다. 제1차 세계대전이 끝난 직후 독일은 경제적으로 위태로운 상황에 처해 있었다. 또한 독일 과학계는 나치 정권과의 연관성 때문에 국제적 의혹을 받았다. 폴리에틸렌의 발견은 그토록 암울한 시기에 이루어졌다. 카를 치글러는 이 물질이 발견된 직후 특허를 신청했고, 불과 1년 후 폴리에틸렌은 톤 단위로 생산되었다. 막스플랑크 석탄연구소의 금고는 수십 년 동안 꾸준히 채워졌다.

연구소는 특허 사용료로 엄청난 돈을 벌었기에 연구소 주변에 있는 땅을 모두 사들여 직원들을 위한 주택을 지을 수 있었다. 나 또한 연구소에서 몇 년 동안 그룹 리더로 일하는 동안 혜택을 받았다. 연구소가 직원들에게 매우 좋은 가격으로 주택을 임대해 준 덕분이었다. 지금까지도 막스플랑크 석탄연구소는 가장 넓은 토지를 소유한 연구기관으로 꼽힌다. 또한 카를 치글러를 비롯해 새로운 물질의 발견에 관여한 다수의 과학자가 부를 누렸다.

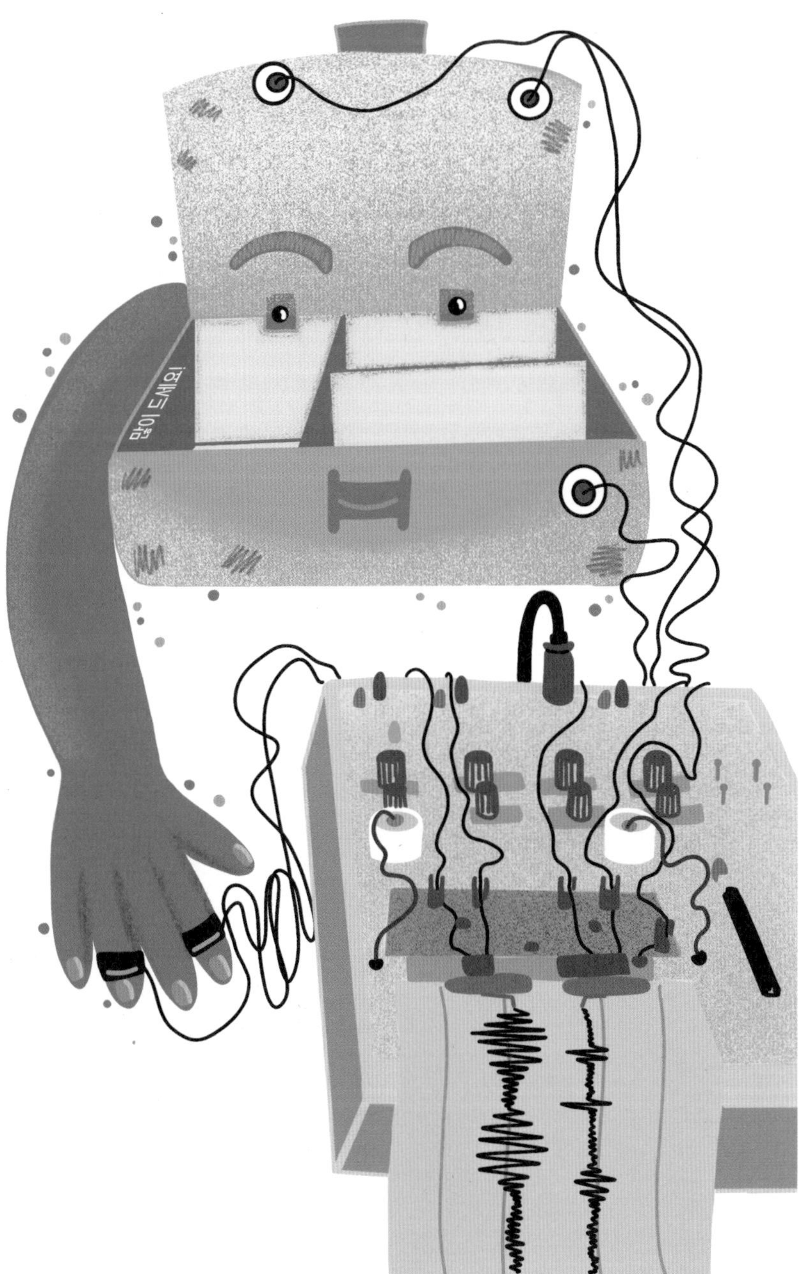
많이 드세요!

플라스틱을 둘러싼 특허 분쟁

물론 로열티를 지급하지 않고 폴리에틸렌 합성물을 사용하는 미국 기업들도 있었다. 이들과의 법적 분쟁은 10년 넘게 계속되었다. 그렇지만 치글러는 결국 모든 소송에서 자신의 요구를 관철할 수 있었다. 치글러가 발견한 합성물로 만든 최종 제품에는 타이타늄 촉매가 남긴 작은 흔적이 생기기 때문이다. 가령 폴리에틸렌으로 만든 플라스틱 병을 태우면 타고 남은 잔해에 타이타늄이 독특한 비율로 남는다. 로열티를 지불하지 않고도 합성물을 제작할 수는 있지만, 일단 검증에 나서기만 하면 해당 제품이 특허받은 공정으로 생산된 것인지 아닌지를 곧바로 알 수 있다.

화학자로서 해 보고 싶었던 발명이 무엇인지에 대한 질문을 받을 때마다 나는 분명하게 답한다. 카를 치글러처럼 폴리에틸렌 합성을 해 보고 싶다고.[62]

그러나 폴리에틸렌은 또 다른 이유로 특허 법원의 골칫거리이기도 했다. 카를 치글러와 동시에 이탈리아 화학자 줄리오 나타Giulio Natta도 플라스틱 생산과 관련된 특허를 신청한 것이다. 나타는 몬테카티니Montecatini 화학 그룹에서 일하고 있었고, 치글러 또한 몬테카티니와 촉매 연구에 대한 계약을 맺었기 때문에 둘은 인연이 있는 사이였다.[63]

1954년 초에 치글러는 이탈리아 회사 측에 자신의 최신 특허 출원에 대해 알리면서 동봉한 편지에 다음과 같이 썼다. '새로운 촉매 연구 그룹을 확장하는 일은 전적으로 우리가 맡아야 한다는 것을 양측이 이해하리라 믿습니다.'[64] 하지만 몬테카티니의 자문위원으로서 면허 계약에 대한 경험이 풍부했던 줄리오 나타는 다른 견해를 가지고 있었다.

나타는 치글러의 촉매를 단량체인 프로필렌propylene 합성에 이용해 또 다른 플라스틱인 폴리프로필렌polypropylene을 생산할 수 있었다. 또한 그는 치글러보다 정확히 14일 앞서 촉매에 대한 특허를 신청했다. 치글러와 나타 사이의 특허 분쟁은 30년 동안 지속되었고, 주요 분쟁은 1960년에서 1983년 사이에 독일 특허청과 미국 법원에서 일어났다. 1954년 8월 3일, 치글러가 특허 우선권을 가진다고 판단한 미국 특허청의 결정을 몬테카티니 측에서 인정하지 않으려 했기 때문이다.[65]

특허 전쟁이 한창이었던 1963년의 어느 날 치글러는 스톡홀름에서 걸려 온, 모든 과학자가 기뻐할 만한 전화를 받았다. 그해의 노벨 화학상 수상자로 결정되었다는 연락이었다. 하지만 공동 수상자가 있다는 점이 큰 문제였다. 그 권위 있는 상을 자신의 원수인 나타와 함께 받게 된 것이다.

이러한 상황과는 별개로 양측의 변호사들은 계속 소송을 이어 갔다. 1983년에 이르러서야 결론이 났고, 우선권 주장을 철회한 몬테카티니는 막스플랑크 석탄연구소에 배상금을 지급했다. 1984년 워싱턴 고등 법원은 "이 촉매를 발명하고 나타에게 알린 사람은 치글러와 그의 동료 연구원들이다."라고 평결했다.[66]

사실 폴리에틸렌의 합성은 막스플랑크 석탄연구소에서 이루어진 최초의 획기적 발견은 아니고, 마지막이 되어서도 안 된다. 치글러가 돌파구를 마련하기 30년 전인 1920년대에 화학자 프란츠 피셔Franz Fischer와 한스 트로프슈Hans Tropsch는 카이저 빌헬름 화학연구소(막스플랑크 연구소의 전신)에서 석탄을 통해 휘발유나 디젤 연료 같은 액체 연료를 생산하기 위한 화학공정을 개발했다.

1925년에 피셔-트로프슈 합성은 특허를 얻었다. 프리츠 하버가 암모니아 합성에 성공한 뒤로 불과 10년 만에 일어난 일이었다. 당시 독일의 연구자들은 자신들이 거의 전지전능하다고 느꼈을 것이다. 그들 중 한 명은 공기로 빵을 만드는 데 성공했고, 다른 한 명은 석탄으로 휘발유를 만들었으니 말이다.

카를 치글러의 합성 이후에도 막스플랑크 연구소는 발명을 이어갔다. 많은 사람들이 집에 구비하고 있는 디카페인 커피 또한 이곳의 발명품이다. 역시 우연의 일치가 가장 중요한 요소로 작용했다. 예전의 디카페인 커피는 너무나도 맛이 없었다. 그도 그럴 것이 커피콩을 벤젠benzene으로 처리했기 때문이다. 독일 브레멘 출신의 커피 상인 루트비히 로젤리우스Ludwig Roselius가 이 방식으로 1905년에 특허를 얻었는데, 커피콩을 처리하는 과정에서 맛이 현저히 떨어진다는 점이 문제였다.

게다가 시중에 유통된 최초의 디카페인 커피에는 발암물질인 벤젠의 흔적이 남아 있었다. 당시에 커피 회사 카페 하그Kaffee HAG가 해당 제품을 광고할 때 사용했던 문구인 '언제나 무해한! 언제나 건강한!'은 지금에 와서 보면 상당히 아이러니해 보인다.

그 이후 1967년에 화학자 쿠르트 초젤Kurt Zosel이 우연히 커피에서 카페인을 부드럽게 추출할 수 있는 방식을 개발했고, 이 방식은 지금도 여전히 사용되고 있다.[67]

초젤은 1950년에 박사 과정 학생으로서 카를 치글러의 연구 그룹에 합류했다. 박사학위를 받은 후에도 막스플랑크 석탄연구소에서 계속 근무했다. 어느 날 그는 초임계 상태의 이산화탄소를 처리하는 일을 맡게 되었다. 초임계 상태란 특정 한계치를 초과하는 온도와 매우 높은 압력에 노출된 가스의 상태를 의미한다. 이산화탄소의 경우 섭씨 30.1도에서 최소 73.8바의 압력을 가할 때 초임계 상태에 도달한다.[68]

초젤은 초임계 상태의 이산화탄소가 화합물에서 물질을 추출하는 능력이 있다는 데 매력을 느꼈다. 1967년에 이르러 초젤은 커피에 들어 있는 카페인을 추출하는 데 이 물질을 쓸 수 있다는 사실을

깨달았고, 3년 뒤 '커피 디카페인 공정'으로 특허를 출원했다. 디카페인 커피는 혁명적이었다. 거의 10만 톤에 이르는 커피의 카페인이 이 방법으로 추출되었다.[69]

사라지지 않는 존재가 일으킨 재앙

다시 플라스틱으로 돌아가 보자. 전후의 서구 사회는 플라스틱을 열성적으로 받아들였다. 하루아침에 모두가 내구성이 좋고, 용도가 다양하며, 무게가 가볍고, 색상이 다채로우며 매우 저렴하기까지 한 재료를 구할 수 있게 된 것이다. 식품을 비롯한 온갖 제품의 포장재가 플라스틱으로 빠르게 바뀌었다. 전 세계에서 생산되는 식품의 약 3분의 1이 여전히 버려지고 있지만, 생산된 식품을 더 오래 보존하는 데 플라스틱 포장이 쓰이지 않았다면 더 많은 식품이 버려졌을 것이다. 인류가 하룻밤 사이에 플라스틱을 포기해야 한다고 상상해 보라. 아마 그보다 비극적인 일은 없을 것이다. 플라스틱은 가구와 접시 등의 수많은 일상용품에도 사용된다. 플라스틱 제품에 둘러싸여 있는 것이 한동안 왜 유행했는지 이해할 만한다.

플라스틱의 몇 안 되는 단점 중 하나는 고온에 약하다는 것이다. 그러므로 자동차나 비행기를 플라스틱으로만 만든다는 것은 그리 좋은 생각이 아니다. 하지만 플라스틱으로 된 부품을 만들 수는 있다. 자동차 에어백, 계기판, 펜더, 콘솔 박스 및 제어 장치는 모두 플라스틱으로 만들어진다. 이로써 평균 300킬로그램에 이르는 다른 재료들의 무게가 주는 부담을 줄이고, 평균 5퍼센트의 연료를 절감할 수 있다.[70]

기후 위기를 막는 방향으로 플라스틱을 사용하기도 한다. 단열 기능이 좋기 때문이다. 폴리스티렌으로 만든 200킬로그램의 단열재를 사용하면 단독 주택의 경우 연간 1,000리터의 난방용 기름이 절약된다.[71]

플라스틱의 가장 큰 단점은 가장 큰 장점이기도 한 내구성과 관련이 있다. 멀리서 지구를 바라보면 태평양의 거대 쓰레기 지대가 가장 선명하게 보일 것이다. 면적이 160만 제곱킬로미터인 이 지대에는 약 1조 8,000억 개의 플라스틱 제품이 모여 있다. 플라스틱을 쓸 사람이 아무도 없는 바다 한가운데에.[72]

그러나 이것은 빙산, 아니 플라스틱 산의 일각일 뿐이다. 바다 표면에 떠 있는 것은 강, 항구, 배에서 흘러들어 온 플라스틱 쓰레기의 3분의 1에 불과하기 때문이다. 대부분의 쓰레기는 바닥에 가라앉는다. 과학적인 추정에 따르면 바다 밑바닥에는 1제곱미터마다 약 110개의 플라스틱 조각이 널려 있으며, 그 수는 점점 증가하는 추세다.[73] 플라스틱의 수명은 수백, 수천 년이다. 바람과 파도는 플라스틱을 더 작은 조각으로 부수고 때로는 해안가로 돌려보낸다. 작아진 플라스틱 입자는 육안으로 보이지 않지만 모래 표본을 살펴보면 전체 무게의 4분의 1가량을 차지한다는 것을 알 수 있다.[74]

어떻게 그토록 많은 플라스틱이 자연으로 흘러들었을까? 서구 선진국에서는 자동차 타이어 마모가 주요 원인 중 하나다. 미세 플라스틱을 바다에 빠뜨리는 또 다른 범인은 폴리에스터 섬유로 만들어진 옷이다. 이 섬유는 세탁할 때마다 수돗물과 섞인다. 화장한 뒤 세수를 하면 화장품 속 미세 플라스틱도 폐수로 빨려 들어간다. 불행히도 현재의 하수 처리장에는 미세 플라스틱을 걸러 낼 수 있는 장비가 없기 때문에 모두 결국 바다로 흘러가게 된다.

나는 우리가 환경에 짓고 있는 죄를 플라스틱의 발명자 탓으로 떠넘겨서는 안 된다고 생각한다. 플라스틱은 기발한 발명품이고 앞으로도 그럴 것이다. 하지만 불행히도 우리는 플라스틱의 부정적인 영향에 충분한 관심을 기울이지 않았고, 오랫동안 적절한 조치를 취하지 않았다.

플라스틱 문제가 더욱 악화되는 원인은 플라스틱의 가격이 저렴해 일회용 제품이 유행하게 되었기 때문이다. 칫솔 같은 일부 제품은 수년간 사용하지 않는 것이 당연하다. 그러나 다른 일상용품을 한 번 사용하고 버린다는 것은 너무나 비합리적이다. 일회용 접시, 일회용 면도기, 일회용 병이 그런 물건이다. 오랫동안 쓸 수 있는 제품으로 대체해야 한다.

플라스틱의 확산이 환경에 미치는 영향이 지나치게 오랫동안 무시되어 왔기 때문에 이제는 정치인들이 비닐봉지나 플라스틱 빨대 금지법을 채택할 수밖에 없게 되었다. 그러한 조치는 작은 행동일 뿐이지만 플라스틱이 환경에 미치는 악영향을 통제하려면 크고 작은 행동이 두루 필요하다고 생각한다.

인터넷에서 네덜란드 청년 보얀 슬랫Boyan Slat이 올린 동영상을 보고 안도의 한숨을 내쉰 사람은 나뿐만이 아닐 것이다. 그는 태평양에서 플라스틱을 건어 내자는 아이디어를 동영상에 담았다. '오션 클린업'The Ocean Cleanup이라는 프로젝트다. 영상을 본 나는 속으로 생각했다. '고맙기도 해라! 이제야 문제를 해결할 똑똑한 사람이 나타났구나!' 그 뒤로 몇 년이 지났고 오션 클린업의 첫 번째 모델이 시험 단계를 거쳤지만 아직 큰 전환점이 오지는 않았다. 그렇다 해도 나는 이러한 기획이 플라스틱의 환경오염 문제를 해결할 수 있기를 간절히 바란다. 7장에서는 화학이 이러한 문제에 어떤 기여를 할 수 있는지 자세히 살펴볼 것이다.

이 책의 첫머리에서 우리는 '독성의 유무는 용량에 달려 있다'는 파라셀수스의 격언을 만났다. 플라스틱과 관련해서 이 격언이 더 큰 의미를 갖는다. 플라스틱은 다양한 분야에 쓰이고 있고 여러 가지 면에서 우리의 일상을 더 편리하게 만들어 주었다. 하지만 수가 너무 많은 데다 잘못된 장소에 존재하는 탓에 생태계를 치명적으로 위협하는 존재가 되고 말았다.

이 이야기는 플라스틱의 필수적인 구성요소이자 주기율표에서 특별한 위치를 차지하는 원소인 탄소에도 적용해 볼 수 있다. 탄소는 지구상 모든 생물체에게 필수적인 원소다. 이미 살펴보았듯이 탄소는 매우 다양한 화합물 속에서 발견된다. 이산화탄소 안에 존재하는 탄소는 온실가스의 주요 성분이기도 하다. 6장에서는 우리의 삶이 탄소에 얼마나 많이 의존하고 있는지, 그 결과가 무엇인지 살펴보고자 한다.

제6장

가스와 화학

얼음 행성에서 불덩이 행성으로

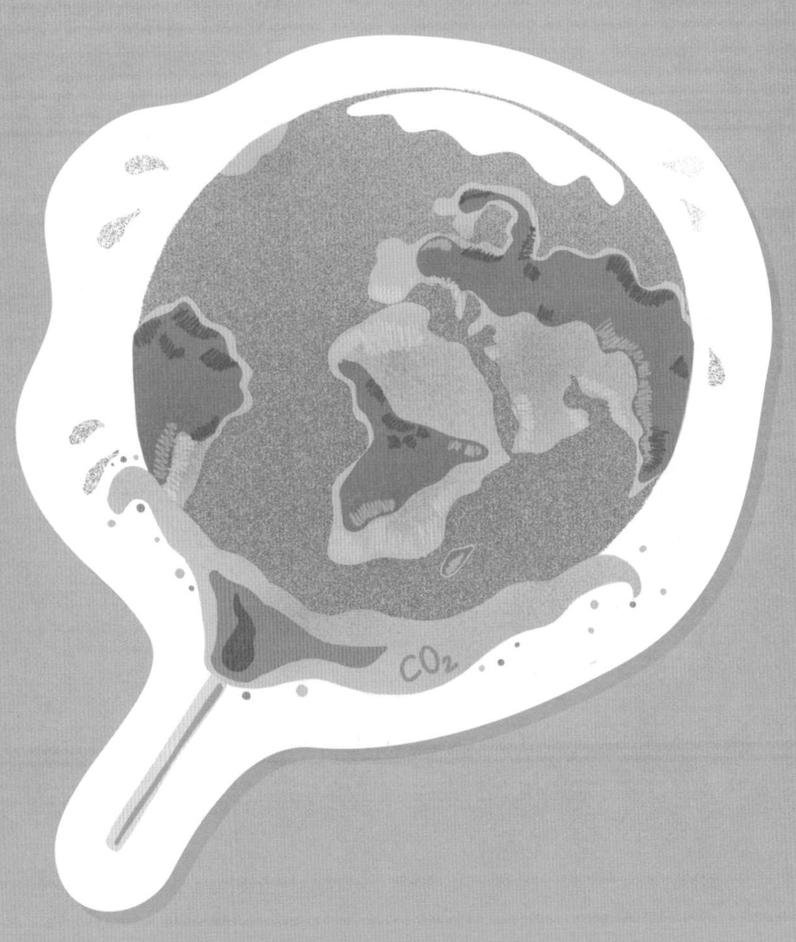

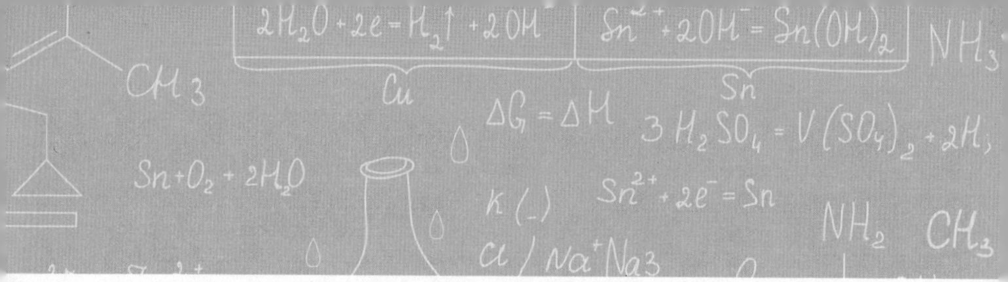

주기율표를 구성하는 수많은 원소를 보면 온갖 형태의 모든 생명체가 주로 한 가지 원소, 즉 탄소에 의존하고 있다는 사실이 경이롭게 다가온다. 탄소는 연필심이나 반지에 박힌 다이아몬드에서 가장 순수한 형태로 존재한다. 하지만 탄소는 수백만 개의 형태로 변형되어 다른 원소와 결합하는 것을 매우 좋아한다. 모든 종류의 생명체는 유기 탄소 화합물에서 생겨나고, 발달 과정에서도 같은 물질을 필요로 한다. 성장하고 번성하기 위해 탄소 화합물의 에너지에 의존하지 않는 유기체는 없다.

어째서 탄소는 모든 생명체에게 그토록 필수적인가? 이 질문에 대한 답은 주기율표에서 찾을 수 있다. 여러분은 원소의 형태를 설명하는 양파 껍질 모형과 원자의 가장 바깥쪽 껍데기를 전자로 채우려는 원소의 욕망을 기억하고 있을 것이다. 탄소는 다른 원자들과 동시에 네 개의 결합을 형성할 수 있는 원소다. 이렇듯 욕망으로 가득 차 있기에 탄소 원자는 긴 사슬의 분자를 형성하는 능력을 갖추고 있다. 우리가 이미 만나 본 다당류와 폴리에틸렌 등의 중합체가 그 결과물이다. 또한 탄소 화합물은 우리의 몸과 음식에서 핵심적인 기능을 담당하며, 탄소 기반 에너지 자원은 산업혁명의 주요 원동력으로 쓰였다.

나는 가끔 외계 생명체가 존재한다면 지구의 생명체만큼이나 탄소에 집착할지 궁금해진다. 화학적 관점에서 보면 탄소는 유기체 내부에서 핵심적인 역할을 맡는 이상적인 원소이기 때문에 우리가 언젠가 발견할지도 모르는 외계인 역시 우리만큼이나 탄소에 열광할 것이라고 생각한다. 그들은 다이아몬드 반지를 끼지 않을 수 있고 연필로 글씨를 쓰지 않을 수 있지만, 우리의 몸에서처럼 그들의 몸에서도 탄소가 중심 역할을 담당하고 있을 가능성이 매우 높다. 이론적으로는 외계 생명체가 탄소 외의 다른 원소를 바탕으로 진화했을 수 있지만, 인간으로서는 가령 실리콘을 기반으로 한 삶이란 어떤 것일지 상상하기가 매우 어렵다. 어쩌면 우리는 너무나 탄소 중심적인 세계관을 가지고 있는지도 모른다.

인간의 몸이나 증기기관, 가스로 가열되는 열탕 등에서 탄소 화합물이 완전 연소되면 이산화탄소가 방출된다. 이산화탄소는 한 개의 탄소 원자와 두 개의 산소 원자로 이루어진 기체 화합물이다. 잘 알려져 있듯이 대기 중의 이산화탄소는 지구의 온도를 지속적으로 증가시키는 원인이다. 온도가 높아지면 지구는 고등 생명체가 생존할 수 없는 열 덩어리로 변해 버릴 수 있다. 앞으로 몇 년 사이에 얼마나 많은 탄소가 대기 중으로 유입될 것인지가 인간이 지구에 얼마나 오래 거주할 수 있을지를 결정하는 가장 중요한 요인이 될 것이다. 상황이 이러한 탓에 이산화탄소의 평판은 점점 더 나빠지는 중이다. 하지만 부정적인 영향을 다루기 전에 왜 이산화탄소가 없는 삶을 상상할 수 없는지를 살펴볼 필요가 있다.

공기의 78퍼센트는 질소로 이루어져 있다. 산소의 비율은 21퍼센트이고, 이산화탄소의 비율은 0.04퍼센트로 매우 낮다. 나머지는 비

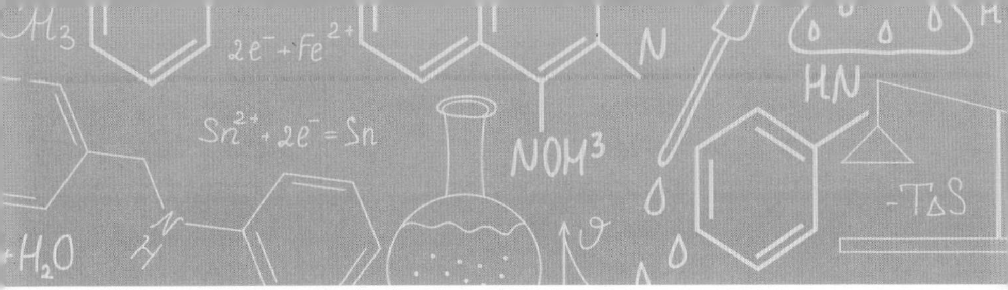

활성 가스를 비롯한 다양한 가스로 구성되어 있다. 그러나 생명 유지에 필수적인 과정에 관여하는 물질은 오직 산소와 이산화탄소뿐이다.

인간은 몸속에서 대량의 산소와 탄소를 변환시켜 이산화탄소를 배출한다. 현재 70억 명 이상의 사람들이 매년 약 20억 톤의 이산화탄소를 배출하는 중이다.[75] 상업 항공기는 매년 약 10억 톤의 이산화탄소를 배출한다. 인간의 생리적인 이산화탄소 배출을 확실히 감소시키기는 어렵지만, 비행기가 배출하는 1~2톤의 이산화탄소는 줄일 수 있을 것이다.

인간은 공기 중의 이산화탄소를 포도당, 전분, 섬유소 같은 탄소 화합물로 전환하는 능력을 가진 식물, 조류, 박테리아로부터 에너지를 얻는 수혜자 중 하나다. 광합성에 의해 생성된 탄소 화합물을 소비하고 이산화탄소를 배출함으로써 거대한 순환 체계의 일부가 되는 것이다.

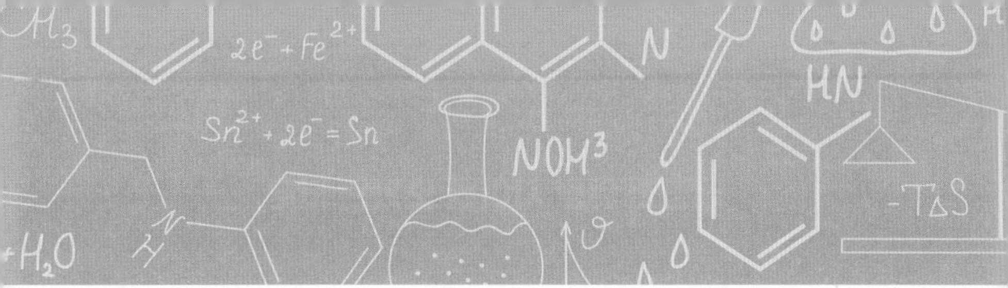

CO2
CO2

냉탕과 열탕 사이를 오가는 지구

이산화탄소는 에너지원일뿐 아니라 지구에 생명체가 존재할 수 있도록 온도를 조절하는 장치로써 중요한 역할을 한다. 지구의 이웃 행성인 금성을 보면 이 점을 분명히 알 수 있다. 금성의 대기는 지구의 대기와 근본적으로 다르다. 지구의 대기보다 90배나 더 많은 가스를 포함하고 있고, 그 가스는 거의 이산화탄소로 이루어져 있다. 금성의 평균 표면 온도는 섭씨 464도로 태양과 훨씬 가까운 수성보다 뜨겁다. 그래서 금성에는 액체 상태의 물이 존재하지 않는다. 대기를 구성하는 지배적인 물질이 이산화탄소이기 때문이다.

이산화탄소는 물에 매우 잘 용해되는데, 이 현상은 지구상에서 끊임없이 일어나고 있다. 용해 과정에서 발생하는 탄산은 음료수 병을 열 때 나는 쉭쉭 소리를 만드는 물질이다. 탄산은 지질학적인 과정에서 규산암을 공격한다. 이 풍화작용이 일어날 때 규산암에서 방출된 칼슘 이온은 이산화탄소와 결합해 탄산칼슘을 형성한다. 탄산칼슘은 해저에 두껍게 쌓여 석회암이 된다. 지구상의 이산화탄소 가운데 상당량이 그 안에 묻혀 있다.[76]

해저에 묻혀 있는 이산화탄소는 영원히 그곳에 머무르지 않는다. 석회암이 심해 해구에 가라앉아 뜨거운 맨틀과 접촉한 상태에서 화산 폭발이 일어나면 이산화탄소가 대기로 방출된다. 수백만 년 주기

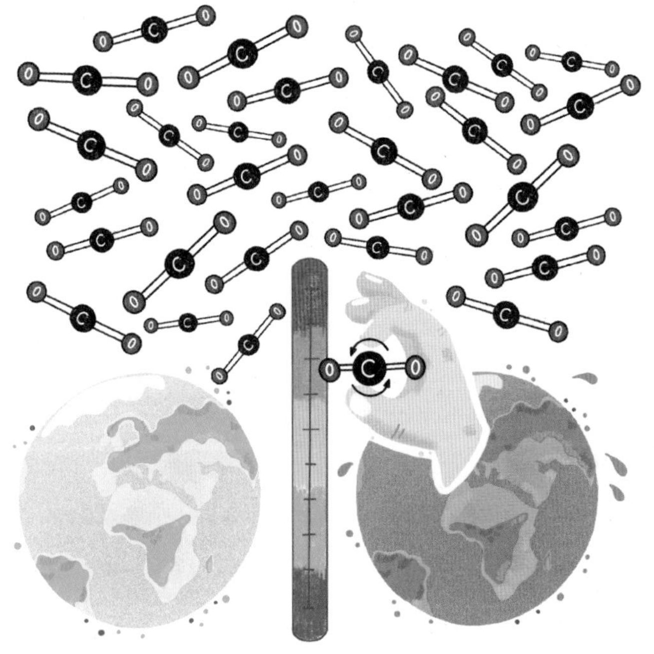

로 일어나는 이러한 순환은 일종의 온도 조절기 역할을 한다. 대기 중에 이산화탄소 함량이 증가하면 지구의 온도가 상승하고, 증발량이 늘어나 강수량도 증가한다. 이는 풍화작용의 증가로 이어지며 석회암의 형태로 퇴적되는 이산화탄소의 양을 늘린다.[77]

이 온도 조절기가 고장 나 극적인 결과가 나타났던 시기가 있었다. 5억 8,000만 년에서 7억 5,000만 년 전 사이에는 지구상 대부분의 육지가 무덥고 비가 많이 오는 열대지방에 있었던 것으로 보인다. 풍화작용이 매우 빠르게 진행되었고 대기 중의 이산화탄소가 바다에 흡수되었다. 그 결과 지구의 평균 기온이 급격하게 떨어졌으며 극지방의 얼음 덩어리가 적도를 향해 뻗어 나갔다. 얼음은 물보다 태양 광선을 더 많이 반사하기 때문에 지구는 더욱 차가워졌다. 과학자들이 '되먹임'이라고 부르는 순환이 반복되는 현상이 일어난 것이다. 결국 얼음이 지구 전체를 뒤덮게 되었는데, 이때의 지구를 '눈덩이 지구'snowball earth라고 한다.[78]

다행히도 눈덩이 지구 상태는 그리 오래 지속되지 않았다. 만약 지속되었다면 고등 생물체가 진화하지 못했을 것이다. 화산 활동으로 인해 지구를 충분히 데울 수 있을 만큼의 이산화탄소가 대기 중으로 방출되었다. 지금 같은 온화한 기후가 자리 잡기 전의 지구는 얼음 행성 상태와 사우나 행성 상태를 여러 번 오갔을 것으로 추정된다. 우리가 알고 있는 지구상의 다양한 생명체들은 이 과정을 통해 현재의 모습으로 진화할 수 있었다.[79]

대기, 바다, 석회암 사이를 오가는 탄소의 순환은 탄소가 하늘과 땅 사이를 떠돌면서 거치는 수백 개의 과정 중 하나에 불과하다. 모든 과정은 각기 다른 시간 척도에 따라 이루어진다. 어떤 과정에서는 되먹임 현상이 일어나고, 어떤 과정에서는 변화의 속도가 느려진다. 지구 탄소 순환의 전체적인 균형을 맞추려면 매우 복잡한 기후 모델과 강력한 성능의 컴퓨터가 필요하다. 연구자들은 수십 년, 수

세기에 걸쳐 인류가 기후에 영향을 미치는지, 만약 그렇다면 언제 어떤 방식으로 미치게 되는지를 연구해 왔다. 이제 우리는 우리의 행동이 기후에 미치는 영향을 분명하게 분석했고, 어떤 결론을 도출해야 하는지 명확히 파악할 수 있게 되었다.

대기 중의 기체는 온도 조절 기능만 수행하지 않는다. 산소 분자와 오존 분자는 또 다른 필수적인 임무를 수행한다. 아마 여러분은 오래된 복사기에서 맡을 수 있는 전형적인 오존 냄새를 기억할 것이다. 대기 중에서 오존은 위험한 자외선을 흡수하는 역할을 한다. 화학자 파울 크뤼천Paul Crutzen, 마리오 몰리나Mario Molina, 셔우드 롤런

드Sherwood Rowland는 인간이 방출하는 특정 화합물이 지구의 자외선 차단제인 오존층을 손상시킨다는 사실을 깨달았다. 1980년대 초반까지만 해도 프레온 가스(염화불화탄소chlorofluorocarbons, CFCs)는 스프레이 캔 속의 압축 가스나 냉장고 안의 냉매로 널리 사용되었다. 이 기체는 일단 대기권에 들어가면 오존을 분해하기 시작한다. 오존 구멍이 남극 대륙 위로 퍼지고 언론이 이 문제에 관심을 보이면서 1991년에는 프레온 가스 사용이 금지되기에 이르렀다. 이후 오존 구멍이 다시 닫히는 긍정적인 효과가 나타났다.[80]

이산화탄소의 뜨거운 역습

태양에서 지구까지의 거리만 따져 보면 우리의 행성은 차디찬 서리가 내리는 곳이 되어야 한다. 태양 복사열만으로는 지구의 온도를 영하 18도 이상으로 높이기가 어렵다. 그렇다면 어떻게 해서 지구의 평균 기온은 섭씨 14도가 된 것일까?

지구를 생명체가 살기 좋은 보금자리로 만든 일등 공신은 대기이다. 대기 안에는 온실의 유리 지붕과 비슷한 효과를 내는 특정 기체가 포함되어 있다. 이 기체의 역할을 두고 1824년 프랑스 과학자 장 바티스트 조제프 푸리에Jean Baptiste Joseph Fourier가 '유리 집 효과'라는 용어를 만들었고, 이 용어는 후에 '온실효과'greenhouse effect로 바뀌었다.[81] 간단히 말하면 온실효과는 다음과 같은 원리로 일어난다. 온실가스는 태양의 가시광선을 거의 통과시켜 지구 표면을 데운다. 한편 지구에서 방출되는 복사열은 대기 중의 온실가스에 의해 외부로 나가지 못한다. 자연적으로 생겨난 물질 덕분에 온실효과가 일어나지 않았다면, 지구의 고등 생물체는 진화하지 못했을 것이다.

과학자 존 틴들John Tyndall은 1859년에 대기를 이루는 물질 가운데 가장 중요한 기체의 열적 특성을 알아내기 위한 실험을 시작했다. 이는 빛을 활용한 실험이었다. 인간의 눈에는 모든 공기 성분이 투명하게 보인다. 그렇다면 왜 어떤 기체는 다른 기체보다 열 방사선을 더 많이 흡수하는가? 틴들은 실험을 통해 기체마다 열을 흡수하고 방출하는 능력의 차이가 크다는 것을 밝혀냈다. 틴들의 연구 결과에 따르면 산소와 질소는 열 방사선을 방해하는 요소가 아니다. 그는 이산화탄소와 오존뿐만 아니라 수증기도 열을 흡수해 지표면에 고정시킨다는 것을 발견했다.[82] 이제는 수증기가 자연적으로 발생하는 온실효과의 절반 이상을 담당한다는 사실이 알려져 있다. 습한 여름밤에 기온이 좀처럼 떨어지지 않고 건조한 사막의 밤이 얼음장처럼 차가운 이유가 바로 그것이다.

온실가스 중 2위를 차지하는 기체는 이산화탄소다. 앞서 언급했듯이 이산화탄소의 대기 중 비율은 0.04퍼센트에 불과하다. 먼 옛날에 대기 중 이산화탄소의 함량이 지금보다 훨씬 높았던 때가 있었다. 약 1억 5,000만 년 전 공룡들이 지구를 지배했을 당시의 대기 중 이산화탄소 함량은 현재보다 다섯 배나 많았다. 당연히 그때는 극지방이 얼지 않은 상태였고 해수면이 오늘날에 비해 훨씬 높았다.

지금까지는 대기 중 이산화탄소의 양이 자연적으로 변화했다. 지구 역사상 처음으로 단 하나의 생물종이 아주 짧은 시간 만에 이산화탄소의 순환을 혼란에 빠뜨리고 있다. 이 상황을 처음 깨달은 사람은 스웨덴의 물리학자 겸 화학자 스반테 아레니우스Svante Arrhenius였다. 그는 인간이 일으킨 온실효과에 대한 연구의 창시자다.

신동이었던 아레니우스는 세 살 때 글을 읽는 법을 배웠고, 얼마

지나지 않아 아버지가 숫자를 더하고 곱하는 것을 지켜보며 수학을 익혔다. 17세에는 물리학을 공부하기 시작했다. 박사학위 논문에서 그는 소금 용액의 전기 전도성에 대한 연구 결과를 다루었다. 그리 특별할 것 없는 경력으로 보일지 모르지만, 4장에서 언급했듯이 그의 연구 내용은 프리츠 하버가 전 세계의 바다에서 금을 채취하겠다는 아이디어를 내는 데 영감을 제공했다. 장기적으로 아레니우스의 논문이 더욱 중요한 부분은 논문에서 56가지의 과학적 논점을 세세히 다루었다는 것인데, 이로 인해 그는 물리 화학의 창시자로 여겨질 수 있었다. 그러나 당시 스웨덴 스톡홀름대학교 동료 연구자와 교수들은 아레니우스의 연구에 그다지 열광하지 않았고, 그저 간신히 자리를 지킬 수 있을 정도였다. 한참 지나서야 아레니우스는 공

로를 인정받아 1903년에 노벨 화학상을 받았다.[83]

30대 후반에 아레니우스는 인류 때문에 생긴 대기의 변화와 그 변화가 기후에 미치는 영향에 관심을 갖기 시작했다. 19세기 말에는 컴퓨터를 사용할 수 없었기 때문에 손으로 직접 복잡한 기후 계산을 하나하나 해야만 했다. 그는 인간의 활동으로 인한 이산화탄소 배출량이 자연적인 과정을 통해 배출되는 양과 이미 같은 수준에 이르렀다는 명확한 결론을 내렸다. 인간의 행동이 기후에 영향을 끼친다는 사실을 깨달은 것이다!

수백만 년 동안 저장되어 있던 이산화탄소는 석탄, 석유, 천연가스를 태우는 과정에서 불과 몇 년 만에 대기 중으로 유입된다. 소위 화석 연료라고 불리는 이 물질들은 지구의 지각에 일시적으로 저장된 태양 에너지일 뿐이다. 그 안에 들어 있는 에너지는 한때 대기 중에 있던 이산화탄소를 고열량의 탄소 화합물로 바꾼 유기체의 광합성 덕분에 만들어진 것이다. 인간은 수백만 년 된 보물 같은 에너지를 몇 세기 안에 모두 태워 버릴 기세다. 물론 그 과정에서 엄청난 양의 이산화탄소가 방출될 것이다. 이 현상이 대규모로 일어나게 된 것은 산업혁명이 시작되면서부터다. 대기 중 이산화탄소의 비율은 산업혁명 이전에 비해 약 40퍼센트 높아졌다.[84]

화석 연료는 지금도 우리의 주요 에너지원이다. 전 세계적으로 소비되는 에너지의 약 80퍼센트는 석탄, 석유, 천연가스의 연소를 통해 만들어진다. 2000~2011년 사이 전 세계에서 배출된 이산화탄소의 90퍼센트 이상이 화석 연료를 태웠기 때문에 발생한 것이다.[85]

인간이 방출하는 이산화탄소의 양이 결국 얼마나 될지는 단지 추측만 할 수 있을 뿐이다. 과학자들은 1870~2013년 사이에 인간이 만든 이산화탄소의 약 28퍼센트가 해양에 흡수되었고, 29퍼센트가 육지 식물에 의해 처리된 것으로 추정한다. 나머지 43퍼센트는 대기 중으로 배출되었다.[86]

이미 언급했듯이 대기 중의 이산화탄소에는 온도 조절 기능이 있기 때문에 이산화탄소의 증가는 지구의 온도에 확실히 영향을 미친다. 1880~2009년 사이에 지구의 평균 온도는 섭씨 0.9도 이상 상승했다. 온도 차이는 크지 않지만 그 영향력은 엄청난 수준일 수 있다. 지구는 지난 1,000년에 비해 더 따뜻해졌고, 지난 12만 년에 비해 더 따뜻해졌을 가능성도 있다.[87] 극지방과 고지대의 빙하가 녹는 현상은 되먹임 현상을 일으킨다. 하얀 얼음으로 덮인 면적이 줄어들수록 반사되는 햇빛의 양도 줄어든다. 그 결과 지구는 더워지고 더 많은 얼음이 녹게 될 것이다.

일단 이산화탄소 같은 온실가스가 대기 중에 유입되면 그 기체는 아주 오랫동안 그곳에 머무른다. 공기 중에 녹아든 기체가 다시 땅속으로 자연스럽게 돌아가기까지 수백 년에서 수천 년의 시간이 걸린다. 산업화로 인해 이산화탄소가 지속적으로 배출된다면 지구의 온도는 계속해서 상승할 것이다. 세계적인 기후 연구이자 과학자 한스 요아힘 셸른후버Hans Joachim Schellnhuber의 말처럼 지구는 더위에 진땀을 흘릴 때까지 더 많은 단열복을 입어야 하는 사람 같다.[88]

스반테 아레니우스가 기후에 인간이 미치는 영향을 깨달은 지 100년 이상이 지났다. 그 이후로 기후 연구에 대한 지식은 더 상세해졌고 수천 번 검증되었다. 산업화 이전의 대기 중 이산화탄소 양은 180ppmv였고, 산업화 이후로는 280ppmv를 기록했다(ppmv란, 전체 물질의 부피를 100만으로 두고 특정 물질의 부피가 그에 비해 어느 정도 비율을 차지하는지 나타내는 수치를 말한다.—옮긴이). 이 수치는 이산화탄소가 대기 중에 극소량 존재한다는 것을 보여 주지만, 그 정도 양으로도 기후에 엄청난 영향을 미칠 수 있다. 최근 대기 중 이산화탄소 양이 400ppmv를 초과했다는 것은 매우 걱정스러운 일이다.[89]

2018년에는 스반테 아레니우스의 먼 친척 중 한 사람이 기후 보호를 위해 긴급하게 행동해야 한다고 주장해 대중의 눈길을 끌었다. 그의 이름은 그레타 툰베리Greta Thunberg다. 그의 주요 메시지는 우리가 과학적 연구 결과를 진지하게 받아들이고 그에 따라 행동해야 한다는 것이다.

섭씨 2도의 무시무시한 위력

오랫동안 기후 연구는 앞으로 이산화탄소가 얼마나 배출될지를 예측하고 그것이 지구 온도에 어떤 영향을 미칠지를 경제 개발의 측면에서 살펴보는 접근법을 추구해 왔다. 하지만 어느 순간 연구자들은 이 접근법이 다소 터무니없다는 것을 깨달았다. 재난이 언제 발생하는가보다 훨씬 더 중요한 것은 그것을 어떻게 막을 것인가의 문제이기 때문이다. 기후 연구자들은 반대 방향에서 접근해 보기로 하고 자신에게 물었다. '우리는 무엇을 피하려 하는가? 아직 배출해도 괜찮은 물질은 무엇인가?'[90]

이 같은 접근은 이른바 '2도 목표'로 이어졌다. 기후 연구자들은 21세기 말까지 지구 온난화의 속도를 늦추어 지구 표면 온도가 섭씨 2도까지만, 가능하다면 1.5도까지만 상승하도록 제한해야 한다고 권고한다. 그래야만 호모 사피엔스 종족이 계속 살아남을 수 있다는 것이다.

섭씨 2도 이상의 지구 온난화는 '전환효과'tipping effect를 일으킬 수 있다. 내가 가장 좋아하는 작가 중 한 명인 캐나다 저널리스트 말콤 글래드웰Malcolm Gladwell은 《티핑 포인트》라는 책에서 사회나 기업 또는 기타 조직의 핵심 요소들을 다룬다. 허름한 가게에서 팔리던 신발인 허쉬 퍼피가 어떻게 유행을 선도하는 브랜드가 되었는지, 뉴욕의 범죄율이 어떤 시점에 왜 급격히 감소했는지를 설명하는 그의 이야기가 매우 인상적이었다. 그런 현상이 벌어지는 이유는 티핑 포인트(대표적인 예시로 아무도 허쉬 퍼피에 관심을 보이지 않을 때 그 브랜드의 신발을 신기 시작한 극소수의 뉴욕 청소년들이 있다)가 전반적인 시스템에 광범위한 변화를 일으켰기 때문이다.

한스 요아힘 셸른후버는 이 개념을 기후 연구에 도입했다. 어느 시점에 이르면 기후 변화가 갑작스럽게 일어나 돌이킬 수 없게 된다

는 것을 알리기 위해서였다. 그가 확인한 기후의 티핑 포인트는 지구 표면 온도의 섭씨 2도 상승이다. 아무리 천천히 상승한다 해도 섭씨 2도 이상 상승하는 데 이르면 급격하고도 통제 불가능한 변화가 일어날 수 있다.[91]

섭씨 2도 이상의 지구 온난화는 온실효과를 강화시킬 가능성도 있다. 눈덩이 지구가 아닌 스스로를 가열하는 프라이팬 같은 지구가 되는 것이다.[92]

이런 상황에서 많은 이들은 스스로에게 묻는다. '한 개인일 뿐인 내가 뭘 할 수 있을까?' 셸른후버의 말을 인용해 보겠다. 매우 중요한 내용이기 때문에 짧지는 않지만 한 번쯤 되새겨 줬으면 한다.

"이제 희망은 시민 사회에 달려 있다. 모두가 할 수 있는 일이 많다. 우리는 비행기를 타는 대신 환경친화적인 여행을 하겠다고 하룻밤 만에 결심할 수 있다. 식단을 바꾸거나, 전기차 또는 자전거를 탈 수도 있다. 사람들이 1년에 8톤 사용하던 이산화탄소의 양을 6톤으로 줄이는 데 기여할 수 있다면 그것만으로도 할 일을 한 것이다. 다른 사람들과 힘을 합치거나, 지역 협회를 설립하거나, '미래를 위한 금요일'Fridays for Future운동에 참여할 수도 있다. 민주주의 정치에게는 반대 세력보다 시민 사회가 더 필요하다."[93]

개개인의 힘에 대한 격려의 말을 들었으니 마지막으로 화학이 지속 가능한 미래에 어떻게 기여할 수 있는지 살펴보도록 하자.

제7장

기후와 화학

자연이 숨겨 둔 환경 구원의 열쇠

인간이 초래한 기후 변화는 인류가 직면한 가장 큰 문제다. 기후 변화에 따른 결과는 농작물 부족, 극단적인 날씨, 동식물의 서식지 변화 등으로 다양하고 문제의 양상이 너무 복잡해서 단 하나의 대책으로는 위기를 해결할 수 없다.

해결할 수 없는 문제에 직면했다는 생각이 든다면 역사를 되돌아보는 것도 좋다. 과거에 사람들은 어떤 도전에 직면했고 어떻게 대응했는가?

1894년으로 거슬러 올라가서 도시 인구의 증가라는 국제적인 문제에 직면했던 도시 계획자들을 만나 보자. 그들은 말똥 때문에 골머리를 앓았다. 당시에 걷기를 꺼리던 사람들은 모두 마차를 이용했는데, 세기말 대도시의 도로를 혼잡하게 한 것은 말과 마차뿐만이 아니었다. 악취가 나는 네발 동물의 배설물은 사람들에게 불쾌감을 주었다. 프랑스 연극배우들은 지금까지도 공연 전에 누군가가 "큰 똥을 맞이하기를!"Je vous dis un très grand merde!이라고 말해 주는 것을

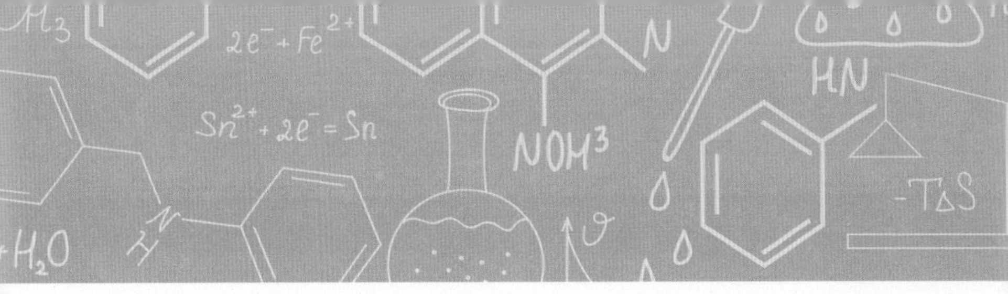

좋아한다. 말 그대로 많은 똥을 맞이하는 행운이 생기길 바란다는 뜻이다. 한때 수많은 관객을 태운 마차가 극장 앞에 서 있곤 했던 풍경과 관련 있는 이야기다.

100여 년이 지난 지금은 도시 계획을 하면서 말똥 문제를 고민해야 했던 시절이 우습게 여겨지지만, 당시에는 그 문제가 도시화를 가로막는 결정적인 난제였다. 1894년 〈타임스〉The Times는 다음과 같이 썼다. '런던의 모든 거리는 50년 안에 9피트 깊이의 말똥 속에 파묻힐 것이다.'[94] 그때는 런던에서만 매일 도시 전역을 오가는 말이 약 5만 마리에 달했다.

1889년 뉴욕에서 열린 제1회 도시 계획 국제회의 주요 주제는 도시 속의 말이었다. 이 회의는 원래 열흘로 예정되어 있었지만, 과학자들이 말똥 문제를 해결할 방법을 찾지 못한 탓에 기간이 사흘로 단축되었다. 참석자들이 말똥 문제에 대해 더 할 말이 없었기 때문이다. 사실 말똥만이 문제가 아니었다. 마차를 끄는 말이나 다른 동물들을 위한 마구간과 사료, 그리고 목초지도 필요했던 것이다.

현재는 전 세계의 주요 도시가 말똥으로부터 자유롭다. 맞춤형 해결책을 찾아서가 아니라 해결책이 불필요해졌기 때문이다. 자동차라는 혁명적인 발명으로 인해 지저분한 쓰레기는 저절로 줄어들었다. 다수의 인구가 자동차를 살 수 있게 된 것은 기계공학자 고틀리프 다임러Gottlieb Daimler와 헨리 포드 같은 사람들 덕분이다. 말똥 문제는 저절로 해결되었지만, 자동차는 대기오염을 일으키고 도시 계획에서 사람보다 우선시되는 등 예기치 않은 문제점을 내포하고 있었다.

말똥과 관련한 문제는 획기적인 기술 발전이 해결할 수 없을 것 같았던 어려움을 단숨에 해결할 수 있다는 사실을 보여 주는 사례다. 앞에서 얘기한 적 있는 게임 체인저라는 용어가 연상되는 이야기다. 기후 위기 문제에 직면한 우리는 이러한 과거를 통해 무엇을 배울 수 있을까? 기후 변화라는 현상의 다면성과 복잡성을 고려할

때, 단 한 번의 성과로 치명적인 위험을 사그라뜨리는 것은 불가능하다. 현재와 비슷한 방식으로 살면서 지구라는 행성에 영원히 머무르고 싶다면 획기적이고 본질적인 변화가 일어나야 한다. 그렇기에 화학의 역할이 중요하다. 화학은 이산화탄소, 석유, 에너지를 다루는 분야이기 때문이다. 지금부터 지구 위에서 인간의 삶을 지속 가능하게 만들기 위한 미래 지향적 접근법을 제시하고자 한다.

미래 산업을 이끌 에너지 자원, 인공 나뭇잎

불행히도 이산화탄소 배출을 극적으로 줄이는 것만으로는 기후 변화를 일으키는 인간 행동의 폐해를 충분히 막을 수 없다. 대기 중으로 배출되는 이산화탄소의 양도 줄여야 한다. 이 작업을 수행할 수 있는 훌륭한 발명품을 우리는 이미 수천 번은 본 적이 있다. 바로 나뭇잎이다.

좋다. 나뭇잎이 화학 연구와 무슨 상관이 있을까? 실험실에서 광합성을 재현할 수 있다면 정말 혁명적이지 않을까? 아니, 인공 나뭇잎을 시장성 있는 제품으로 개발하는 편이 더 낫지 않나?

2019년 캐나다 워털루대학교, 캘리포니아주립대학교 노스리지 캠퍼스, 홍콩성시대학교 연구진이 인공 광합성을 통해 이산화탄소를 메탄올methanol로 전환하는 방법을 발견했다.[95] 그 과정은 나뭇잎이 포도당을 생산하는 과정과 유사했고, 최종 생산물이 다르다는 차이만 있을 뿐이었다.

미국 케임브리지대학교에서 재생 가능한 합성가스를 연구하는 크리스티안 도플러연구소Christian Doppler Laboratory의 연구원들은 가스 혼합물을 생성하는 데 사용할 수 있는 일종의 인공 나뭇잎을 만드는 데 성공하기도 했다.[96] 이를 통해 생성한 합성가스는 수소와 일산화탄소로 이루어져 있다. 비료, 연료, 플라스틱 등 수많은 제품을 생산할 수 있는 물질이다. 인공 나뭇잎의 초기 모델은 크기가 몇 제곱센티미터에 두께가 몇 밀리미터에 불과한 작은 시트이며 여러 겹의 층으로 구성되어 있다. 내구성이 매우 낮아서 단 며칠만 사용할 수 있고 효율성은 1퍼센트 미만이지만, 향후에는 지속 가능한 방법으로 에너지를 생산할 수 있는 유망한 접근법이 될 것이다.

대기에서 이산화탄소를 추출할 수 있는 다른 화학적 방법도 존재하지만 아직 경제성은 갖추지 못했다. 공기 중의 이산화탄소를 화학 공업의 생산 공정에 직접 사용하는 편이 바람직하다. 예를 들자면 폴리카보네이트를 생산함으로써 이산화탄소를 재활용하는 방법이 있다. 이산화탄소로 의약품을 제조할 수도 있다.

태양 에너지로 달리는 자동차

인공 나뭇잎은 자동차를 수소로 움직일 수 있는 가능성을 제공한다. 연료를 태우면 이산화탄소가 아닌 물이 생길 테니 매우 친환경적인 방법이 될 것이다. 문제는 수소가 산소와 섞이면 폭발성이 매우 높아진다는 점이다. 아직 도로에서 쓰이지 않지만 제시해 볼 만한 우아한 방법은 운전 중에 물 분자를 쪼개서 수소를 생산하는 것이다.

화학자 다니엘 노세라Daniel Nocera는 10여 년 전 미국 매사추세츠 공과대학교MIT에서 이 방식을 발견했다. 그는 자신이 고안한 방식에 '인공 잎'이라는 이름을 붙였다. 하지만 그가 주력한 부분은 대기 중의 이산화탄소를 제거하는 것이 아니라 태양 에너지를 변환할 때 화학적 과정을 이용하는 것이었다.

인공 잎의 원리를 이해하려면 광합성에 대해 다시 살펴볼 필요가 있다. 광합성을 위해 나뭇잎이 필요로 하는 원료는 햇빛, 공기, 물이다. 노세라가 품었던 야망은 실제 나뭇잎이 필요로 하는 재료 이외에는 다른 재료를 전혀 쓰지 않는 것이었다. 인공 잎의 시제품은 장래성이 유망해 보였지만, 수년간의 연구 끝에 경제적 문제 때문에 생산할 수 없는 제품이라는 것이 밝혀졌다.[97] 궁극적으로 어떻게 실현될지는 몰라도 나는 햇빛으로 물을 분해해 수소를 만들어 수소의 힘으로 움직이는 자동차가 언젠가 개발될 것이라고 믿는다.

플라스틱의 화학적 재활용

5장에서 물레에 앉아 양털로 실을 짜는 할머니를 기억하는가? 플라스틱이 생산되는 과정 말이다. 이산화탄소 배출량이 증가하고 해양 쓰레기가 늘어나 플라스틱 섬이 점점 커지는데, 지구에 가장 해가 되는 인간의 활동인 중합체 과정을 되돌릴 수는 없을까?

사실 플라스틱을 분해하여 다른 분자로 재조립하는 해중합화depolymerization는 지금도 가능하다. 화학적 재활용인 셈이다. 그 방법 중 하나는 열분해다. 플라스틱뿐만 아니라 다양한 폐기물을 원유로 전환할 수 있다. 엄청난 압력과 열을 가하면 탄소, 수소, 산소로 구성된 긴 사슬 중합체는 최대 18개의 탄소 원자로 이루어진 단사슬 탄화수소로 분해된다. 이는 화석 연료가 생산되는 지질학적인 과정을 실험실에서 재현한 것이다. 5장에서 언급한 프란츠 피셔와 한스 트로프슈가 이 작업의 선구자다. 피셔-트로프슈 공정을 이용해 석탄으로 가솔린이나 디젤 연료 등의 액체 연료를 생산할 수 있다.

여러 기업에서 플라스틱을 대규모로 가공해 새로운 연료를 만들어 낸다면 인류에게 중요한 돌파구가 될 것이다. 하지만 그 연료가 연소되어 다시 이산화탄소를 대기 중에 방출한다면 바람직하다고 볼 수 없다. 언젠가는 기후에 장기적으로 해롭지 않은 제품을 지속 가능한 방식으로 생산하는 해중합화 과정이 개발될 수 있을 것이다.

암모니아 합성과 뿌리혹박테리아

이 책에서 다룬 가장 기발한 화학 발명품 중 하나는 하버와 보슈의 암모니아 합성이다. 공기로 빵을 만들어 내는 것만큼 혁명적인 화학 반응이 또 있을까? 그러나 획기적인 발견에 대한 존경심과는 별개로 하버-보슈법은 고도로 에너지 집약적인 과정이라는 것을 잊지 말아야 한다. 적은 에너지만 소비하고도 암모니아를 합성하는 방법을 찾을 수 있을까?

앞서 나는 개인적으로 가장 하고 싶었던 발명이 하버-보슈법이라고 밝힌 바 있다. 사실 내가 진정으로 원하는 것은 대기 중의 질소로 암모니아를 합성하는 방법을 찾는 것이다. 에너지를 덜 소비하는 합성 방법을 찾고 싶다.

아쉽게도 우리 화학자들은 지금까지 하버와 보슈가 고안한 방법보다 더 우아한 방법을 개발하지 못했다. 만약 질소와 수소를 낮은 온도와 낮은 압력에서 반응시키면서도 많은 양의 암모니아를 생산할 수 있는 촉매 개발에 성공한다면, 앞으로 100년 이상은 식량 생산 분야의 가장 큰 혁명으로 기록될 것이다.

아직은 성공한 사람이 없지만 자연에는 인상적인 모델이 있다. 바로 뿌리혹박테리아다. 과학자들은 낮은 온도와 낮은 압력으로 질소를 붙잡아 두는 박테리아의 효소를 수십 년 동안 자세히 연구해 왔

다. 그러나 경제성 있는 방안을 만들어 내지는 못하고 있다.[98]

하버-보슈법 발견 100주년을 기념하기 위해 연구원들은 이 합성이 세상을 어떻게 바꾸었는지에 대한 기사를 썼다. 그들이 내린 결론은 다음과 같다.

'하버는 식량 확보와 군사 안보를 주된 목표로 삼았다. 하지만 우리가 만들어 갈 혁신의 원동력은 지구 환경의 지속 가능성이다.'[99] 안타깝게도 아직 이 말에 걸맞는 발견은 이루어지지 않았다.

게임 체인저를 찾아서

여러분 중에는 이런 생각을 하는 사람도 있을 것이다. '나 혼자서 뭘 할 수 있겠어? 왜 굳이 귀찮은 일을 해야 하지? 똑똑한 사람이 나타나서 기후 위기를 해결하는 방법을 찾아 줄 거야.' 나는 연구하고 있다는 말로 게으름을 변명해서는 안 된다고 생각한다. 지금까지 이야기한 대로 우리는 다양한 도전에 직면해 있다. 개인의 노력, 정치적 결정, 과학적 혁신 중 한 가지 방법을 쓰는 것만으로는 충분하지 않다. 전부가 필요하다. 적어도 기후 문제에 관한 게임 체인저가 나타날 때까지는 말이다.

기후 변화는 매우 복잡한 문제이기 때문에 게임 체인저가 어떤 형태일지, 게임 체인저를 찾는 것이 가능할지 쉽게 가늠할 수는 없다. 하지만 나는 그런 존재가 나타나기를 간절히 바란다. 우리가 과거의 말똥 문제를 이야기하듯 미래 세대가 기후 위기를 회고할 수 있다면 참 좋을 것이다.

앞서 소개한 아이디어들은 화학이 기후, 환경, 그리고 우리 모두의 더 나은 삶에 긍정적인 기여를 하는 데 참고할 만한 몇 가지 선택지일 뿐이다. 화학 산업이 시작된 19세기에는 대부분의 화학 연구가 석탄과 석유에 관한 것이었다. 화학의 미래는 그와 멀리 떨어진 곳에 존재하기를 진심으로 희망한다.

마지막으로 기후 변화 문제의 판도를 바꾸는 발견이 어디에서 올지 여러분에게 살짝 귀띔할 수 있다면 나는 망설이지 않고 대답할 것이다. 세렌디피티라고. 이미 언급했던 바와 같이 과학의 위대한 순간들은 종종 한 줌의 행운과 기회가 만날 때 찾아온다. 위대한 발견이라는 행운에 도전하는 과학자들을 위해 사회가 해야 할 일은 수익성이 좋아야 한다는 압력을 거두고 과학자 본인의 관심사에 따라 기초 연구를 할 수 있는 여건을 조성하는 것이다. 자연의 비밀을 찾으려는 순수한 호기심에 이끌려 가다 보면 필사적으로 찾아 헤맬 때보다 훨씬 빨리 위대한 발견에 다다를지도 모른다.

제8장

화학의 아름다움

세계를 명쾌하게 요약하는 선율

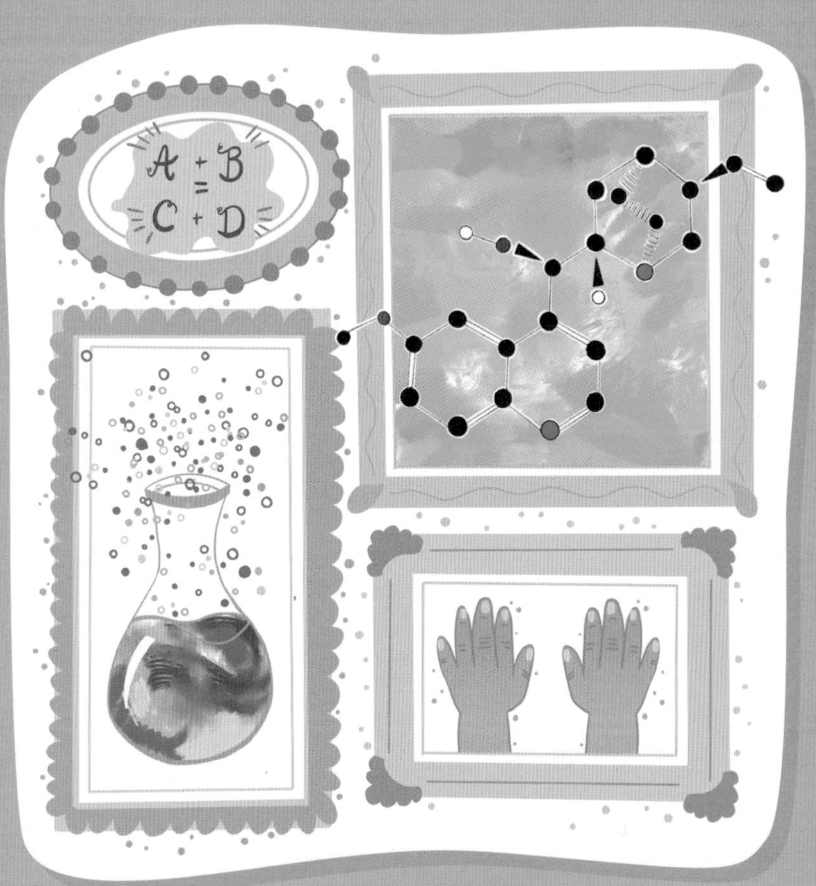

화학을 통한 이 여행이 끝나면 여러분도 20년 전 유기화학을 처음 만났을 때 내가 느꼈던 감정을 느끼게 될 것이다. 당시에 나는 화학의 아름다움에 감탄해 평생 이 학문과 함께할 수 있을 것 같다고 생각했다. 나는 지금도 여전히 피아노 연주 같은 예술적인 창조 행위와 화학 사이에 강한 연결 고리가 있다고 생각한다. 특정한 반응 속의 분자를 떠올리면 가끔 귓가에서 음악 소리가 울려 퍼지는 듯한 느낌이 든다. 똑같은 분자일지라도 전체 구조에서 어떤 반응을 보이느냐에 따라 다른 선율을 들려준다.

미학은 화학에서 다양한 역할을 한다. 화학자들은 특정한 화학반응이 얼마나 아름답고 추한지 평가하기 위한 고유의 개념을 만들기까지 했다. 또한 기후 변화의 시대에 사는 과학자로서 사회에 지속 가능한 기여를 할 방법을 계속 고민하고 있다. '녹색 화학'이라는 캐치프레이즈 아래 지속 가능한 화학공정을 찾는 별도의 연구 분과가 이미 결성된 상태다. 이 분과가 지침으로 삼는 것들 중 하나는 화학

자 폴 아나스타스Paul Anastas와 존 워너John Warner가 1998년에 쓴 책 《녹색 화학-이론과 실천》Green Chemistry-Theory and Practice에서 제시한 열두 가지 기본 원칙이다.[100] 이 원칙은 화학반응이 환경에 해로운지, 사용할 만한 용제는 어떤 것인지, 지속 가능성의 측면에서 효율적인 반응은 무엇인지, 어떤 폐기물이 얼마나 발생하는지 살피면서 연구해야 한다는 내용을 담고 있다.

경제적이고도 우아한 화학반응을 찾아서

화학 안에서 아름다움을 추구하는 태도와 관련이 있으면서 나의 연구와 밀접한 분야 중 하나는 원자 경제학이다. 간단히 말하면 원자를 경제적으로 다루는 방법을 연구하는 분야다. 화학반응의 아름다움을 측정하는 척도이기도 하다. 많은 사람들이 경제에 대해서 이야기하지만 아쉽게도 원자 경제를 이야기하는 사람은 거의 없다. 이 분야는 전문가 집단 외에는 거의 알려져 있지 않고 연구 대상이 특수하기 때문에 일반인이 이해하기는 어렵다. 새롭지만 다소 생소한 이 분야에 대해 한번 알아보기로 하자.

화학자 배리 트로스트Barry Trost가 학술지 《사이언스》Science 논문에서 화학에 원자 경제 개념을 처음 도입한 것이 1991년이다.[101] 나는 박사학위를 받은 후 미국 스탠퍼드대학교의 트로스트 교수가 이끄는 연구 그룹에서 박사 후 과정을 이수했다. 그 시기 동안 나는 원자 경제학에 매우 익숙해졌고 그 이면의 철학을 이해하게 되었다.

원자 경제학을 이해하기 위해 다음 같은 화학반응을 상상해 보자. 우리는 C물질을 생산하려 한다. 이를 위해 A물질과 B물질이 서로 반응하게 한다. 그 결과 D물질이 폐기물로 추가 생산된다. 우리는 다음과 같은 간단한 공식으로 이 반응을 기록할 수 있다.

원자 경제는 C물질에 A원자와 B원자가 얼마나 많이 포함되어 있

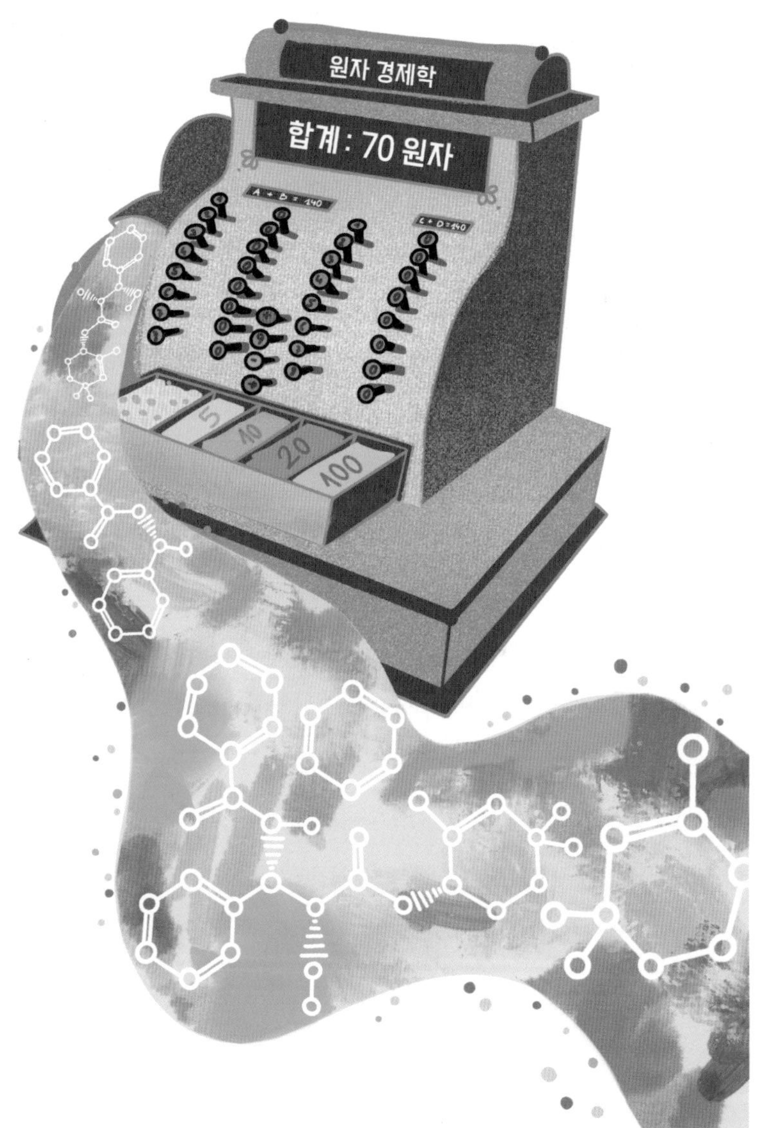
원자 경제학
합계 : 70 원자
5
10
20
100

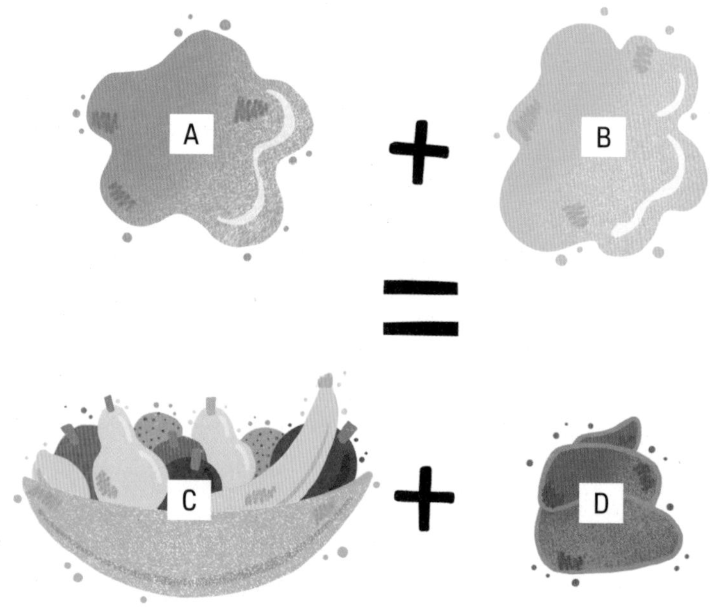

는지 측정하는 도구를 제공한다. 물론 우리가 원하는 것은 A와 B에서 가능한 많은 원자가 C로 향하고 극소량만 폐기물 D로 이동하는 것이다.

우리 화학자들은 새로우면서 원자 경제적 관점에서 매우 우아한 반응을 찾기 위해 항상 노력한다. 우아한 반응이라는 것은 원하는 C 물질을 최대한 효율적으로 생산하면서 폐기물 D의 원자가 최소한으로 생산되도록 하는 반응이다. 생각보다 훨씬 어려운 일이다!

아쉽게도 화학 산업에서 원자 경제는 아직까지 그리 큰 성공을 거두지는 못했다. 그 이유 중 하나는 많은 원자반응이 매우 까다로운 조건에서만 작은 규모로 일어나기 때문이다. 이런 반응 실험은 실험실에서 하는 것이 이상적이다. 하지만 산업 분야에서는 화학반응이 대규모로 일어나기를 원한다.

정리하면, 원자반응은 늘 우아하지만 경제적인 면에서는 실행이 어려운 반응이 될 수도 있다. 그러나 서서히 변화가 일어나고 있다. 원자 경제의 중요성이 화학 산업계에서 점차 커지는 중이다.

친환경 화학의 관점에서는 폐기물 D가 얼마나 성가신 물질인지 따져 보는 것이 중요하다. 폐기물을 어떤 형태로든 계속 사용할 수 있어서 대량으로 발생해도 무방하다면 이상적일 것이다. 하지만 폐기물을 재활용할 수 없다면 이 물질을 어떻게 보관해야 하는지, 환경에 얼마나 해로울지 짚어 봐야 한다.

멋들어진 반응과 멋이 떨어지는 반응

지난 몇십 년 동안 사용되어 온 유기화학의 고전적인 반응들을 살펴보면, 몇 가지는 매우 원자 경제적이지만 또 몇몇 반응은 전혀 그렇지 않다는 것이 눈에 띈다. 그럼에도 불구하고 모든 원자반응은 나름의 정당성을 가지고 있다.

가장 원자 경제적인 반응 중 하나는 '딜스-알더 반응'Diels Alder reaction이다. 이 반응의 발견으로 화학자 오토 딜스Otto Diels와 쿠르트 알더Kurt Alder는 1950년에 노벨 화학상을 받았다. 딜스-알더 반응에서는 여섯 개의 탄소 원자로 이루어진 고리가 형성되는데, 이 고리는 여성호르몬인 소포호르몬(에스트라디올estradiol)과 같은 자연물질의 인공적 생산에서 지금까지 특별한 역할을 수행하고 있다. 놀랍게도 딜스-알더 반응은 100퍼센트 원자 경제적이다. 반응 시작 단계의 원자를 하나도 빠짐없이 최종 산물에서 찾을 수 있고, 폐기물이 발생하지 않는다. 안타까운 점은 이 반응이 드문 예외에 속한다는 것이다. 이렇게 멋들어진 반응임에도 불구하고 딜스-알더 반응은 화학 산업이나 제약 산업에서 거의 사용되지 않는다. 단지 학술계에서만 매우 인기가 있을 뿐이다.

이와 명확히 반대인 예는 '비티히 반응'Wittig reaction이다. 내가 태어난 해이기도 한 1979년에 비티히 반응의 발견자인 화학자 게오르크

비티히Georg Wittig는 노벨 화학상을 받았다. 비티히 반응은 오늘날에도 비타민 D의 합성에 사용되고 있으며, 화학 산업에서 널리 사용되는 중이다. 그리고 원자 경제적 관점에서 볼 때는 매우 멋없는 반응이다.

비티히 반응으로 제품 C를 만들기 위해 시작물질인 A와 B를 반응시키면 너무나 많은 원자가 폐기물 D로 이동한다. 폐기물 D는 인과 산소의 이중결합체를 가지고 있는데, 이는 극히 강한 결합이다. 나는 강의 중 가끔 학생들에게 질문을 던지곤 한다. "이 세계의 3대 동력은 무엇일까요?" 질문에 대한 답을 들려주면 강의실은 보통 웃음소리로 가득 찬다. "첫째는 남녀 간의 사랑이고 둘째는 인간과 돈 사이의 사랑이죠. 그리고 세 번째는 인과 산소의 사랑이랍니다." 좋은 농담이 으레 그렇듯이 그 안에는 진실이 담겨 있다.

인과 산소의 이중결합은 극도로 강력하기 때문에 폐기물 D는 재사용되거나 변환되기 힘들다. 화학 산업계는 이 점에 크게 개의치 않는 분위기다. 원자 경제적으로 더 나은 반응을 개발할 수 없는지 개인적으로 늘 의문스럽다.

원자 경제 외에도 화학반응이 얼마나 멋진지를 평가하는 다른 기준들이 있다. 가령 시작물질에서 원하는 물질을 얻기까지 얼마나 많은 단계가 필요하고 얼마나 많은 에너지가 필요한지 등을 평가하는 것이다. 단순한 기본물질로 자연물질 같은 복잡한 유기 분자를 만들 수 있을 때, 그러한 반응을 '전 합성'total syntheseis이라고 부른다.

오스트리아 린츠에서 태어나 지금은 미국 뉴욕대학교에서 연구 활동을 하는 나의 동료 디르크 트라우너Dirk Trauner가 발견한 믿을 수 없을 정도로 아름다운 합성물을 예로 들어 보자. 그와 그의 연구팀은 자연물질인 프로이솔락톤 Apreuisolactone A를 단 3단계 만에 전 합성해 내는 데 성공했다.[102] 이 물질은 내가 최근에 본 것 가운데 가장 아름다운 합성물 중 하나다. 이러한 반응이 새로 발표되면 많은 화학자들은 '이렇게 간단한 것을 나는 왜 생각하지 못했을까?'라며 탄식하게 된다. 이 반응은 너무나 우아해서 자연이 프로이솔락톤 A를 만드는 더 나은 방법을 찾을 수는 없을 거라고 생각될 정도다.

나의 박사 과정 논문 지도 교수는 이와 같은 합성의 핵심은 '자연 분자를 부드럽게 유혹하는 것'이라고 말하곤 했다. 하나의 단계가 에너지를 소모하지 않고도 자연스럽게 다음 단계로 이어진다니 이 얼마나 아름다운 과정이란 말인가!

화학을 둘러싼 불확실성과 음모론

화학의 아름다움은 분명히 주관적인 문제다. 나는 개인적으로 예술과 과학 사이에 매우 강한 연결 고리가 있다고 생각한다. 그러나 각각은 매우 다른 목표를 추구하는 분야다. 두 가지 차원으로 이루어진 세상을 상상해 보면 이해하는 데 도움이 될 것이다.

한쪽에는 구체적인 물질의 세계가 있다. 분자, 옷, 가구, 음식이 이에 속한다. 다른 한쪽에는 감정이나 생각 혹은 사상 같이 만질 수 없는 추상적인 관념의 세계가 있다. 후자는 전자와 마찬가지로 실재한다. 가령 최근에 세상을 떠난 어머니 이야기를 시작하면 나는 슬픔을 느낀다. 만질 수는 없어도 감정은 분명 어딘가에 존재한다.

예술이란 추상적인 것에서 영감을 받아 구체적인 것을 창조하는 일이다. 생각과 감정을 이용해 실재하는 예술품을 만들어 내는 것이다. 음악 작품을 물건처럼 만질 수 없지만 감상이라는 경험을 통해 직접 접촉할 수 있다.

반면에 과학은 대개 정반대의 길을 따른다. 예를 들면, 한 원자가 다른 원자와 어떻게 반응하는지에 관한 구체적인 관찰을 바탕으로 화학적 결합에 관한 추상적인 이론과 개념이 만들어진다. 어떤 면에서 과학은 일상 세계의 지속적인 추상화라고 볼 수 있다.

구체적인 길과 추상적인 길이 있다고 하면 과학과 예술은 서로 다른 길을 가는 셈이다.

과학과 예술이 공통으로 직면한 어려움은 추상화를 싫어하는 사람들이 많다는 점이다. 내 생각에는 과학에 관심 없는 사람이 많은 이유가 이것이다. 과학적 아이디어와 개념이 너무 추상적이어서 사람들에게 잘 와닿지 않는 것이다.

과학에 대한 무관심이 과학에 대한 적대감으로 바뀌는 것은 위험한 일이다. 과학 철학자 리 매킨타이어Lee McIntyre는 그의 저서《과학적 태도》The Scientific Attitude에서 백신 접종이나 기후 변화를 부정하는 사람들의 주장을 뒷받침하는 음모론과 그 결과를 매우 잘 설명하고 있다.[103]

매킨타이어는 과학자들이 대중을 위한 노력을 충분히 기울이지 않았다고 말한다. 과학은 올바른 이론 제시를 중시하지 않는다는 점을 명확히 전달하지 못했다는 것인데, 나는 이 분석에 전적으로 동의한다. 과학적 진보의 바탕에는 기존 이론을 뒤집는 새로운 사실이 나타나면 오래된 이론을 과감하게 버리는 태도가 자리 잡고 있다. 달리 말하면 과학 이론은 항상 어느 정도의 불확실성을 수반한다. 과학은 그 어떤 것도 확실하다고 주장하지 않는다.

과학과 음모론은 이 지점에서 서로 구별된다. 과학자들은 자신이 세운 이론을 무너뜨릴 수 있는 사실이 무엇인지 생각하고, 그러한 사실을 의도적으로 찾고, 필요하다면 기존의 이론을 포기한다. 반면 음모론을 지지하는 사람들은 자신의 이론과 어긋나는 사실에 대해 알려 하지 않는다. 설령 그러한 사실을 알게 되더라도 그들에게는 음모론을 포기할 마음이 없다.

이그나즈 제멜바이스의 시대를 지금에 와서 되돌아보면, 그가 아동 사망률과 의사들의 손 씻기 사이의 연관성을 드러낸 자료를 수집했다는 이유로 그토록 모진 공격을 받았다는 것이 너무나 어처구니없게 느껴진다. 이러한 일화는 과학이란 무엇인지, 과학이 할 수 있는 일이 무엇인지를 분명하게 보여 준다. 소수의 사람들이 만들어 가지만 모두의 이익을 위해 모든 사람에게 열려 있는 집단 지성의 집합체. 이것이 바로 내가 이 책을 쓰게 된 계기다.

감사의 말

이 원고를 처음 읽은 데이비드 레너트David Rennert와 다니엘 카이저Daniel Kaiser, 그대들의 귀중한 제안에 감사드린다.

또 이 책을 쓰는 동안 모호한 개념을 구체화할 수 있도록 도움을 준 클라우디아 로메더Claudia Romeder와 레지덴Residenz 출판사에도 감사하고 싶다. 세심한 편집을 해 준 마리아 크리스틴 라이트게브Maria Christine Leitgeb에게도 감사의 마음을 전한다. 카트린 구젠바워Kathrin Gusenbauer는 이 책을 통해 분자의 세계를 여행하는 우리를 위해 시각적 언어를 개발해 주었다. 근사한 협업에 감사드린다. 유기화학 강좌를 함께해 온 마울리데Maulide 연구 그룹과 누노Nuno 교수의 학생들에게도 고마움을 전한다.

이 책을 누노의 어머니 에르멜린다 하비에르 다니엘 디아스 마울리데Ermelinda Xavier Daniel Dias Maulide와 탄야의 아버지 빌헬름 트락슬러Wilhelm Traxler에게 바친다. 이들은 책의 초고를 쓰는 과정에 참여했지만 애석하게도 마지막 부분을 쓸 때까지 함께하지 못했다. 우리의 가족, 특히 아드리아나 자닉 디아스 마울리데Adrijana Zrnic Dias Maulide, 이브라이모 마울리데Ibraimo Maulide, 달리아 하비에르 디아스 마울리데Dalila Xavier Dias Maulide, 마울리데 하비에르 디아스 마울리데Maulide Xavier Dias Maulide, 파트리시아 바르보자Patricia Barbosa, 잉게 트락슬러Inge Traxler에게 특별한 감사의 말을 전한다.

참고 문헌

- Aldersey-Williams, Hugh, *Das wilde Leben der Elemente. Eine Kulturgeschichte der Chemie*, Aus dem Englischen von Friedrich Griese. Lizenzausg, München, Hanser, 2011,; 휴 앨더시 윌리엄스, 《원소의 세계사》, 알에이치코리아, 2013.
- Anastas, Paul T.; Warner, John Charles, *Green chemistry: Theory and practice* Oxford: Oxford University Press. 2014, 2000.
- Atkins, Peter W., *Chemistry*, Oxford: Oxford University Press, 2015.
- Birch, Hayley, *50 Schlüsselideen Chemie,* Berlin, Heidelberg, Springer(Spektrum Sachbuch), 2016.; 헤일리 버치, 《일상적이지만 절대적인 화학 지식 50》, 반니, 2016.
- Emsley, John, *Leben, lieben, liften. Rundum wohlfühlen mit Chemie*, 1. Aufl. Weinheim, Wiley-VCH, 2008.; 존 엠슬리, 《멋지고 아름다운 화학 세상》, 북스힐, 2020.
- Ervine, Kate, *Carbon*, Cambridge, UK: Polity Press, 2018.
- Feil, Sylvia; Resag, Jörg; Riebe, Kristin, *Faszinierende Chemie: Eine Entdeckungsreise vom Ursprung der Elemente bis zur modernen Chemie*, Berlin, Heidelberg: Springer, 2017.
- Felixberger, Josef K., *Chemie für Einsteiger*, Berlin: Springer Spektrum, 2017.
- Gladwell, Malcolm, *The tipping point. How little things can make a big difference*, Boston, Back Bay Books, 2013[2000].; 말콤 글래드웰, 《티핑 포인트: 작은 아이디어는 어떻게 빅트렌드가 되는가》, 김영사, 2020.
- Kean, Sam, *Die Ordnung der Dinge. Im Reich der Elemente*, 2. Aufl.

Hamburg, Hoffmann und Campe, 2012.; 샘 킨, 《사라진 스푼: 주기율표에 얽힌 광기와 사랑, 그리고 세계사》, 해나무, 2011.

- Kranz, Joachim; Kuballa, Manfred, *Chemie im Alltag*, 1. Aufl. Berlin: Cornelsen Scriptor, 2003.
- Mädefessel-Herrmann, Kristin; Hammar, Friederike; Quadbeck-Seeger, Hans-Jurgen(Hg.), *Chemie rund um die Uhr*, Gesellschaft Deutscher Chemiker. 1. Nachdr. Weinheim: Wiley-VCH, 2006.
- Mania, Hubert, *Kettenreaktion: Die Geschichte der Atombombe,* Reinbek bei Hamburg: Rowohlt, 2010.
- May, Paul; Cotton, Simon, *Molecules That Amaze Us*, Hoboken: Taylor and Francis, 2014.
- McIntyre, Lee, *Scientific Attitude: Understanding What Is Distinctive about Science*, Cambridge: MIT Press, 2019.
- Schellnhuber, Hans Joachim, *Selbstverbrennung: Die fatale Dreiecksbeziehung zwischen Klima, Mensch und Kohlenstoff* 1. Aufl. München: Bertelsmann, 2015.
- Smil, Vaclav, *Feeding the world: A challenge for the twenty-first century*, Cambridge, Mass: MIT Press, 2000.

주석

1 Renn, Ortwin, *Das Risikoparadox: Warum wir uns vor dem Falschen fürchten*, Frankfurt am Main: Fischer, 2014.

2 Gigerenzer, Gerd, "Dread risk, September 11, and fatal traffic accidents", *Psychological science*, 15(4), pp.286-287, 2004.

3 Vgl. Barbara Zehnpfennig, *Einführung*, in Platon: Symposion, Griechisch-Deutsch, Ubersetzt und herausgegeben von Barbara Zehnpfennig, Hamburg: Felix Meiner Verlag, p.XI, 2012.

4 Platon, *Symposion*, Griechisch-Deutsch, Übersetzt und herausgegeben von Barbara Zehnpfennig, Hamburg: Felix Meiner Verlag, p.51, 2012.

5 Vgl. Barbara Zehnpfennig, *Einführung*, in Platon: Symposion, Griechisch-Deutsch. Ubersetzt und herausgegeben von Barbara Zehnpfennig. Hamburg: Felix Meiner Verlag, p.XIV, 2012.

6 Kean, pp.22-23, 2012.

7 Vgl. Abdelhamid, A. S., et al., "Omega-3 fatty acids for the primary and secondary prevention of cardiovascular disease", *Cochrane Database Syst Rev* 7: Cd003177, 2018.

8 Vgl. Feil et al., p.172, 2017.

9 "WHO plan to eliminate industrially-produced transfatty acids from global food supply", www.who.int/news-room/detail/14-05-2018-who-plan-to-eliminate-industrially-produced-trans-fatty-acids-from-global-food-supply, letzter Zugriff: 26. Oktober, 2019.

10 "Trans Fats in Foods - A New Regulation for EU Consumers", https://

ec.europa.eu/food/sites/food/files/safety/docs/fs_labellingnutrition_transfats_factsheet-2019.pdf, letzter Zugriff: 26. Oktober 2019.

11 Osterreichische Agentur fur Gesundheit und Ernahrungssicherheit: Acrylamid, www.ages.at/themen/rueckstaende-kontaminanten/acrylamid/#, letzter Zugriff: 11. April 2019.

12 Vgl. Feil et al., p.146, 2017.

13 Vgl. Moebus, Theresa(2015), "Was ist Muskelkater?", Spektrum.de, www.spektrum.de/frage/was-ist-muskelkater/1379574, letzter Zugriff: 7. November 2019.

14 Vgl. Madefessel-Herrmann et al., p.2, 2006.

15 Vgl. Madefessel-Herrmann et al., p.4, 2006.

16 Vgl. Emsley, p.10, 2008.

17 Vgl. Emsley, p.31, 2008.

18 pH값은 다음과 같은 역사적 과정에 따라 만들어졌다. 용액의 산성 또는 염기성은 수소 이온의 활동과 연관되어 있기 때문에 덴마크 화학자 쇠렌 쇠렌센#Søren Sørensen#은 이를 나타내고자 pH+라는 개념을 도입했다. 그는 측정값을 나타낼 글자로 p를 선택했고 수소 이온을 나타내기 위해 H+를 사용했다. 시간이 지나면서 pH+는 현재까지 사용되는 pH값이 되었다.

19 Vgl. Day, Michaela J.; Hopkins, Katie L.; Wareham, David W.; Toleman, Mark A.; Elviss, Nicola; Randall, Luke; Teale, Christopher; Cleary, Paul; Wiuff, Camilla; Doumith, Michel; Ellington, Matthew J.; Woodford, Neil; Livermore, David M, "Extended-spectrum β-lactamase-producing Escherichia coli in human-derived and food-chain-derived samples from England, Wales, and Scotland: an epidemiological surveillance and typing study", *The Lancet Infectious Diseases*, DOI: 10.1016/S1473-3099(19)30273-7, 2019.

20 Vgl. OTS-Aussendung, "WC-Report: Zwei von drei Personen waschen sich die Hande mit Seife", www.ots.at/presseaussendung/

OTS_20190503_OTS0029/wc-report-zwei-von-drei-personen-waschen-sichdie-haende-mit-seife, letzter Zugriff: 7. November, 2019.

21 Vgl. Madefessel-Herrmann et al., p.118, 2006.

22 Vgl. Madefessel-Herrmann et al., p.118, 2006.

23 Vgl. www.gatesfoundation.org/How-We-Work/Quick-Links/Grants-Database/Grants/2013/11/OPP1051898, letzter Zugriff: 19. Oktober, 2019.

24 Vgl. https://eur-lex.europa.eu/legal-content/DE/TXT/?uri=celex-%3A32008R1272, letzter Zugriff: 19. Oktober, 2019.

25 Vgl. Kantonales Laboratorium, "Nagellacke/Farbstoffe, Konservierungsmittel, Nitrosamine, Formaldehyd, Phenol, Ethyl pyrrolidone, Hydrochinone und Phthalate(28. April 2017)", www.kantonslabor.bs.ch/berichte/non-food.html, letzter Zugriff: 19. Oktober, 2019.

26 Vgl. Emsley, pp.35-36, 2008.

27 Vgl. Emsley, p.36, 2008.

28 Vgl. DiMasi JA, Grabowski HG, Hansen RA, "Innovation in the pharmaceutical industry: new estimates of R&D costs", *Journal of Health Economics*, 47: 20-33, 2016.

29 Vgl. O' Donovan, Daniel H.; Aillard, Paul; Berger, Martin; de la Torre, Aurelien; Petkova, Desislava; Knittl-Frank, Christian; Geerdink, Danny; Kaiser, Marcel; Maulide, Nuno, "C−H Activation Enables a Concise Total Synthesis of Quinine and Analogues with Enhanced Antimalarial Activity", *Angewandte Chemie International Edition*, 57(33), 2018.

30 Vgl. Woodward, Robert; Doering, William, "The total synthesis of quinine", J. Am. Chem. Soc., Band 66, p.849, 1944.

31 World Health Organization Africa, "Malaria vaccine launched in Ken-

ya", 13. September 2019, www.afro.who.int/news/malaria-vaccine-launched-kenya-kenya-joins-ghana-and-malawi-roll-out-landmarkvaccine-pilot, letzter Zugriff: 26. Oktober, 2019.

32 Vgl. Madefessel-Herrmann et al., p.58, 2006.

33 Vgl. Madefessel-Herrmann et al., p.58, 2006.

34 Vgl. Madefessel-Herrmann et al., pp.58-59, 2006.

35 아세틸살리실산은 살리실산보다 몸에 더 잘 흡수될 뿐 아니라 아세틸기 덕분에 항염증 효과가 더 강하다.

36 Vgl. Madefessel-Herrmann et al., p.59, 2006.

37 Vgl. May; Cotton, pp.482-484, 2006.

38 Vgl. May; Cotton, p.485, 2006.

39 Vgl. "EU Action on Antimicrobial Resistance", https://ec.europa.eu/health/amr/antimicrobial-resistance_en, letzter Zugriff: 27. Oktober, 2019.

40 Vgl. Economist, "The antibiotic industry is broken", www.economist.com/leaders/2019/05/04/the-antibiotic-industry-is-broken, letzter Zugriff: 7. November, 2019.

41 Vgl. Mobley, David L.; Dill, Ken A., "Binding of small-molecule ligands to proteins: what you see is not always what you get", *Structure*, 17(4): 489-498, 2009.

Verteramo, Maria Luisa; Stenstrom, Olof; Ignjatović, Majda Misini; Caldararu, Octav; Olsson, Martin A.; Manzoni, Francesco et al., "Interplay between Conformational Entropy and Solvation Entropy in Protein-Ligand Binding", *Journal of the American Chemical Society*, 141(5): 2012-2026, 2019.

Engelhardt, Harald; Bose, Dietrich; Petronczki, Mark; Scharn, Dirk; Bader, Gerd; Baum, Anke et al., "Start Selective and Rigidify: The Discovery Path toward a Next Generation of EGFR Tyrosine Kinase Inhibitors",Journal of medicinal chemistry, 2019.

42 Vgl. Erisman, Jan Willem; Sutton, Mark A.; Galloway, James; Klimont, Zbigniew; Winiwarter, Wilfried, "How a century of ammonia synthesis changed the world", *Nature Geoscience*, 1(10), p.636-639. DOI: 10.1038/ngeo325, 2008.

43 Vgl. Mania, p.72-73, 2010.

44 Vgl. Smil, p.xv, 2000.

45 Vgl. Aldersey-Williams, p.29, 2011.

46 Vgl. Aldersey-Williams, p.31, 2011.

47 Vgl. Madefessel-Herrmann et al., p.4, 2006.

48 Vgl. Smil, pp.xiii-xiv, 2000.

49 Vgl. Smil, p.xiv, 2000.

50 Vgl. Smil, p.xiv, 2000.

51 Vgl. Smil, p.xvi, 2000.

52 Vgl. Queste, Bastien Y.; Vic, Clëment; Heywood, Karen J.; Piontkovski, Sergey A., "Physical Controls on Oxygen Distribution and Denitrification Potential in the North West Arabian Sea", *Geophysical Research Letters*, 45(9): 4143-4152, 2018.

53 Vgl. Umwelt Bundesamt, "Indikator: Nitrat im Grundwasser", www.umweltbundesamt.de/indikator-nitrat-im-grundwasser#textpart-2, letzter Zugriff: 3. November, 2019.

54 Vgl. Sutton, Mark A.(Hg.), *The European nitrogen assessment. Sources, effects, and policy perspectives*, Cambridge: Cambridge University Press, 2011.

55 Vgl. Birch, p.160, 2016.

56 Vgl. Birch, p.18, 2016.

57 Vgl. Madefessel-Herrmann et al., p.103, 2006.

58 Vgl. Felixberger, p.554-555, 2017.

59 Vgl. Fenzel, Birgit(2014), Patentlösung aus dem Einmachglas, Website des Max-Planck-Instituts fur Kohlenforschung in Mülheim an der Ruhr, www.mpg.de/8355774/rueckblende_ziegler, letzter Zugriff: 5. Dezember, 2019.

60 Vgl. Fenzel, Birgit(2014), Patentlösung aus dem Einmachglas, Website des Max-Planck-Instituts für Kohlenforschung in Mülheim an der Ruhr, www.mpg.de/8355774/rueckblende_ziegler, letzter Zugriff: 5. Dezember, 2019.

61 Vgl. Merton, Robert King; Barber, Elinor G., *The travels and adventures of serendipity: A study in sociological semantics and the sociology of science*, Princeton, NJ: Princeton Univ. Press. 2006.

62 Vgl. Maulide Nuno, *Angew. Chem. Int. Ed.*, 53(31), p.7984.

63 Vgl. Fenzel, Birgit(2014), Patentlösung aus dem Einmachglas, Website des Max-Planck-Instituts für Kohlenforschung in Mülheim an der Ruhr, www.mpg.de/8355774/rueckblende_ziegler, letzter Zugriff: 5. Dezember, 2019.

64 Zitiert nach Fenzel, Birgit(2014), Patentlösung aus dem Einmachglas, Website des Max-Planck-Instituts für Kohlenforschung in Mulheim an der Ruhr, www.mpg.de/8355774/rueckblende_ziegler, letzter Zugriff: 5. Dezember, 2019.

65 Vgl. Fenzel, Birgit(2014), Patentlösung aus dem Einmachglas, Website des Max-Planck-Instituts für Kohlenforschung in Mulheim an der Ruhr, www.mpg.de/8355774/rueckblende_ziegler, letzter Zugriff: 5. Dezember, 2019.

66 Zitiert nach Fenzel, Birgit(2014), Patentlosung aus dem Einmachglas, Website des Max-Planck-Instituts fur Kohlenforschung in Mulheim an der Ruhr, www.mpg.de/8355774/rueckblende_ziegler, letzter Zugriff: 5. Dezember, 2019.

67 Vgl. Emmerich, Maren(2014), Kaffee auf Entzug, Website des Max-Planck-Instituts für Kohlenforschung in Mulheim an der Ruhr, www.mpg.de/8363989/rueckblende_zosel, letzter Zugriff: 5. Dezember, 2019.

68 Vgl. Emmerich, Maren(2014), Kaffee auf Entzug, Website des Max-Planck-Instituts für Kohlenforschung in Mulheim an der Ruhr, www.mpg.de/8363989/rueckblende_zosel, letzter Zugriff: 5. Dezember 2019.

69 Vgl. Emmerich, Maren(2014), Kaffee auf Entzug, Website des Max-Planck-Instituts für Kohlenforschung in Mulheim an der Ruhr, www.mpg.de/8363989/rueckblende_zosel, letzter Zugriff: 5. Dezember, 2019.

70 Vgl. Felixberger, p.554, 2017.

71 Vgl. Felixberger, p.554, 2017.

72 Vgl. Lebreton, L.; Slat, B.; Ferrari, F.; Sainte-Rose, B.; Aitken, J.; Marthouse, R. et al., "Evidence that the Great Pacific Garbage Patch is rapidly accumulating plastic", %Scientific reports%, 8(1), p.4666, 2018.

73 Vgl. Schellnhuber, p.35, 2015.

74 Vgl. Schellnhuber, p.36, 2015.

75 Vgl. Schellnhuber, p. 72, 2015.

76 Vgl. Feil et al., p.100, 2017.

77 Vgl. Feil et al., pp.100-101, 2017.

78 Vgl. Feil et al., p.101, 2017.

79 Vgl. Feil et al., p.101, 2017.

80 Vgl. Feil et al., p.267, 2017.

81 Vgl. Schellnhuber, p.39, 2015.

82 Vgl. Schellnhuber, p.40, 2015.

83 Vgl. Schellnhuber, pp.44-45, 2015.

84 Vgl. Feil et al., p.103, 2017.

85 Vgl. Ervine, p.14, 2018.

86 Vgl. Schellnhuber, p.79, 2015.

87 Vgl. Schellnhuber, p.81, 2015.

88 Vgl. Schellnhuber, p.27, 2015.

89 Vgl. Schellnhuber, p.53, 2015.

90 Vgl. Traxler, Tanja (2019), "Wir verbrennen das Buch des Lebens", Interview mit dem Klimaforscher Hans Joachim Schellnhuber. %DER STANDARD%, 27.11.2019, pp.18-19. Online verfügbar unter: www.derstandard.at/story/2000111534109/klimaforscher-schellnhuber-wir-verbrennen-dasbuch-des-lebens, letzter Zugriff: 14. Dezember, 2019.

91 Vgl. Schellnhuber 2015, p.475 ff; Traxler, Tanja (2019), "Wir verbrennen das Buch des Lebens". Interview mit dem Klimaforscher Hans Joachim Schellnhuber, *DER STANDARD*, 27.11.2019, pp.18-19. Online verfügbar unter: www.derstandard.at/story/2000111534109/klimaforscherschellnhuber-wir-verbrennen-das-buch-des-lebens, letzter Zugriff: 14. Dezember, 2019.

92 Vgl. Steffen, Will; Rockström, Johan; Richardson, Katherine; Lenton, Timothy M.; Folke, Carl; Liverman, Diana et al., "Trajectories of the Earth System in the Anthropocene". %Proceedings of the National Academy of Sciences of the United States of America%, 115(33), pp.8252-8259. DOI: 10.1073/pnas.1810141115, 2018.

93 Vgl. Traxler, Tanja (2019), "Wir verbrennen das Buch des Lebens", Interview mit dem Klimaforscher Hans Joachim Schellnhuber, *DER STANDARD*, 27.11.2019, S. 18-19. Online verfügbar unter: www.derstandard.at/story/2000111534109/klimaforscher-schellnhuber-wir-verbrennen-dasbuch-des-lebens, letzter Zugriff: 14.

Dezember, 2019.

94 런던의 모든 거리는 50년 안에 9피트(274센티미터) 깊이의 말똥 속으로 파묻힐 것이다. Eigene Übersetzung, zitiert nach Johnson, Ben(2015), "The Great Horse Manure Crisis of 1894", in Historic UK, www.historic-uk.com/HistoryUK/HistoryofBritain/Great-Horse-Manure-Crisis-of-1894.

95 Vgl. Wu, Yimin A.; McNulty, Ian; Liu, Cong; Lau, Kah Chun; Liu, Qi; Paulikas, Arvydas P. et al., "Facet-dependent active sites of a single Cu_2O particle photocatalyst for CO_2 reduction to methanol". %Nature Energy%, 4(11), pp. 957-968, 2019.

96 Vgl. Andrei, Virgil; Reuillard, Bertrand; Reisner, Erwin, "Bias-free solar syngas production by integrating a molecular cobalt catalyst with perovskite-BiVO4 tandems", *Nature materials*, 2019.

97 Vgl. van Noorden, Richard, "Artificial leaf: faces economic hurdle", %Nature%, 334, p.645, 2012.

98 Atkins, p.69, 2015.

99 Erisman, Jan Willem; Sutton, Mark A.; Galloway, James; Klimont, Zbigniew; Winiwarter, Wilfried, "How a century of ammonia synthesis changed the world", *Nature Geoscience*, 1(10), p.639, 2008.

100 Vgl. Anastas und Warner, 2014.

101 Vgl. Trost, B. M., "The atom economy: a search for synthetic efficiency", %Science%, 254(5037): 1471-1477. DOI: 10.1126/science.1962206, 1991.

102 Vgl. Novak, Alexander J. E.; Grigglestone, Claire E.; Trauner, Dirk, "A Biomimetic Synthesis Elucidates the Origin of Preuisolactone A", *Journal of the American Chemical Society*, 141(39), p.15515-15518, 2019.

103 Vgl. McIntyre, 2019.